PROBLEMAS DE QUÍMICA GENERAL PARA TECNOLOGÍA Y CIENCIAS EXPERIMENTALES

Col·lecció Universitas 48

Pablo Serna Gallén
Francisco García Cirujano

PROBLEMAS DE QUÍMICA GENERAL PARA TECNOLOGÍA Y CIENCIAS EXPERIMENTALES

UNIVERSITAT
JAUME I

BIBLIOTECA DE LA UNIVERSITAT JAUME I. Datos catalográficos

Noms: Serna Gallén, Pablo, autor | García Cirujano, Francisco, autor | Universitat Jaume I. Publicacions, entitat editora

Títol: Problemas de química general para tecnología y ciencias experimentales / Pablo Serna Gallén, Francisco García Cirujano

Descripció: Castelló de la Plana : Publicacions de la Universitat Jaume I. Servei de Comunicació i Publicacions, [2024] | Col·lecció: Universitas ; 48

Identificadors: ISBN 978-84-10349-26-1 (paper) | ISBN 978-84-10349-27-8 (pdf)

Matèries: Química -- Problemes, exercicis, etc.

Classificació: CDU 54(076.3) | THEMA PN

UNIÓN DE EDITORIALES UNIVERSITARIAS ESPAÑOLAS

Publicacions de la Universitat Jaume I es una editorial miembro de la UNE, cosa que garantiza la difusión y comercialización de las obras en los ámbitos nacional e internacional. www.une.es.

Edita: Publicacions de la Universitat Jaume I. Servei de Comunicació i Publicacions
    Edifici Rectorat, planta 0. Av. Vicent Sos Baynat, s/n 12071 Castelló de la Plana
    Tel. 964 72 8821   publicacions@uji.es

ISBN papel: 978-84-10349-26-1
ISBN pdf: 978-84-10349-27-8
DOI: http://dx.doi.org/10.6035/Universitas.48

Depósito legal: CS 389-2024

Este libro, de contenido científico, ha sido evaluado por personas expertas externas a la Universitat Jaume I, mediante el método denominado revisión por iguales, doble ciego.

ÍNDICE

Presentación 9

CAPÍTULO 1. ENLACE QUÍMICO 11
Conceptos teóricos 11
Resolución de problemas 13

CAPÍTULO 2. ÁCIDOS Y BASES 31
Conceptos teóricos 31
   2.1. Generalidades de termoquímica para equilibrios químicos
      en general 31
   2.2. Particularidades de los equilibrios de transferencia protónica
      en agua 32
   2.3. Casos prácticos de los equilibrios de transferencia protónica
      en agua 33
Resolución de problemas 35

CAPÍTULO 3. EQUILIBRIOS DE FORMACIÓN DE COMPLEJOS 63
Conceptos teóricos 63
Resolución de problemas 65

CAPÍTULO 4. EQUILIBRIOS DE SOLUBILIDAD 79
Conceptos teóricos 79
Resolución de problemas 81

CAPÍTULO 5. ELECTROQUÍMICA 103
Conceptos teóricos 103
   5.1. Semirreacciones y electrodos 103
   5.2. Semirreacciones y electrodos 103
   5.3. Potencial de celda 104
Resolución de problemas 107

CAPÍTULO 6. QUÍMICA ORGÁNICA 129
   Conceptos teóricos 129
   Resolución de problemas 131

ANEXO 1. VARIABLES Y CONSTANTES 139

ANEXO 2. ECUACIONES DE INTERÉS 143

ANEXO 3. TABLA PERIÓDICA DE LOS ELEMENTOS 145

BIBLIOGRAFÍA DE INTERÉS 147

PRESENTACIÓN

Este compendio de problemas que tienes en tus manos tiene la finalidad última de facilitar la labor de recopilación manual de una serie de problemas y cuestiones planteadas en la asignatura de Química del primer curso de los diferentes grados en Ingeniería y Ciencias Experimentales en la Universitat Jaume I. Es bien sabido (y sufrido) que el tomar apuntes en clase a partir de las anotaciones que el profesor hace en la pizarra evita concentrarse en la comprensión de los problemas y hace perder tiempo de aprendizaje a los estudiantes. Los problemas que encontrarás en este libro son similares a los que se plantean en un curso de Química General a los estudiantes de ingenierías (y de ciencias en general) y se han resuelto empleando los conceptos que se explican en estas asignaturas. Además de tener la solución numérica, se describe el planteamiento y la resolución razonada de cada uno de los problemas o cuestiones, por lo que el alumno únicamente debe centrarse en entender cada etapa del proceso de resolución.

El libro se ha dividido en seis capítulos de acuerdo con los temas que se incluyen en las guías docentes de la asignatura de Química del primer curso de grados científico-técnicos en la Universitat Jaume I. En el primer y último capítulo se trabajan conceptos de estructura molecular de compuestos químicos inorgánicos y orgánicos, además de una introducción a la estructura y propiedades de los sólidos. Los capítulos intermedios se centran en equilibrios químicos y cálculo de concentraciones de las especies en el equilibrio. Los equilibrios químicos que aparecen en los problemas son: ácido-base (capítulo II), formación de complejos metálicos (capítulo III) y solubilidad-precipitación (capítulo IV). El capítulo V trata los equilibrios redox y el cálculo de potenciales de la reacción global redox, con sus aplicaciones en dispositivos de conversión de energía química en energía eléctrica. A modo de recordatorio, se han incluido las definiciones y conceptos más fundamentales al principio de cada capítulo, en forma de, digamos, «píldoras concentradas de conocimiento químico». Al final del libro se incluyen tablas resumen de datos, ecuaciones, bibliografía y webgrafía de interés para comprender de una forma más profunda los conceptos que se trabajan en los capítulos de este libro.

Esta colección de problemas no pretende sustituir la bibliografía clásica de un curso de química general pero sí centrarse en conceptos clave y aplicarlos a la resolución de problemas que se pueden presentar en un examen final o en la evaluación continua. El alumno debería identificar los puntos débiles que encuentra durante la resolución de un problema en particular para reforzar su comprensión en estos puntos concretos.

Como bien apuntaba nuestro amigo Newton «La mejor manera de entender es usando buenos ejemplos». Sea pues, y ahonda en estas páginas…

CAPÍTULO I
Enlace químico

CONCEPTOS TEÓRICOS

- La química estudia la ruptura y formación de enlaces entre átomos. Un enlace entre dos o más átomos se forma por donación, aceptación o compartición de *electrones* (abreviado e⁻). La tendencia de un átomo para atraer hacia sí o aceptar electrones se conoce como *electronegatividad* (χ).

- El e⁻ tiene propiedades de partícula y de onda, dependiendo del experimento. Sus *energías* están cuantizadas y no son continuas. Su posición se especifica mediante probabilidades (relacionadas con su función de onda y/o energía).

- La representación del e⁻ (más allá del «punto» de las estructuras de Lewis) formalmente se corresponde con un *orbital* (funciones que cumplen una ecuación de onda); es decir, una región espacial donde la probabilidad de encontrar al e⁻ es máxima. Hay distintos tipos de orbitales: *s* (simetría esférica), *p* (con un nodo y probabilidades esféricas a ambos lados del plano nodal), *d* y *f*.

- La solución de la función de onda para un e⁻ da lugar a sus números cuánticos. Cada e⁻ en un orbital viene especificado por el número cuántico principal (n, que define el nivel de energía y está relacionado con el volumen del orbital), por el número cuántico secundario (l, también llamado número cuántico azimutal, que define el subnivel de energía y está relacionado con la superficie del orbital), por el número cuántico magnético (m_l, relacionado con el tipo de orbital *s*, *p*, etc.), además de su número cuántico de spin (m_s, que indica el sentido del giro del electrón y toma valores de $+1/2$ o $-1/2$).

- Los átomos forman enlaces entre sí para alcanzar *configuraciones electrónicas estables* (gas noble, *regla del octeto*).

- Dos o más átomos enlazados entre sí dan lugar a *moléculas* o redes extendidas (cristalinas o no).

- La *energía de (disociación de) enlace* es la diferencia de energía entre los átomos separados (libres) y unidos (a la distancia de enlace) formando una molécula.

- La *energía de red* es la diferencia de energía entre los iones libres (gas) y unidos dando lugar a una red iónica. Mide el cambio energético relativo a la formación de 1 mol de red iónica en estado sólido.

RESOLUCIÓN DE PROBLEMAS

1.1. Contesta las siguientes cuestiones.

a) ¿Qué es una molécula?

b) ¿Cuáles son las diferencias fundamentales entre el enlace iónico, enlace covalente y enlace metálico?

a) Una molécula consiste en dos o más átomos de electronegatividad (propiedad química que indica la capacidad relativa de un átomo para atraer electrones hacia sí mismo en un enlace químico) parecida unidos mediante compartición de uno o más de sus electrones entre los átomos. En este caso, se habla de enlace químico covalente, y las moléculas a las que da lugar presentan unas distancias y ángulos de enlace que dan lugar a momentos dipolares y geometrías características (lineal, angular, tetraédrica, trigonal, bipirámide trigonal, octaédrica).

Algunos ejemplos de moléculas formadas por átomos que se enlazan para alcanzar un doblete u octete electrónico son el HF (el F, con 7 e⁻ acepta el e⁻ del H, teniendo el primero 8 e⁻ y el segundo 2 e⁻ en su capa de valencia) y el CH_4 (el C, con 4 e⁻ comparte 4 e⁻ de los 4 átomos de H, teniendo el primero 8 e⁻ y los segundos 2 e⁻ en su capa de valencia), respectivamente.

b) Las características diferenciales de cada enlace químico son:
- El *enlace iónico* se forma entre átomos de electronegatividad diferente, cuando un átomo (electronegativo) cede y otro acepta (electropositivo) un electrón. En el enlace iónico se ceden electrones de un átomo (con carácter de no metal) a otro (con carácter metálico), formándose especies cargadas (*iones*) que se unen mediante fuerzas electrostáticas. Los iones (cationes positivos y aniones negativos) se empaquetan formando redes tridimensionales (cúbica simple, cúbica centrada en las caras y cúbica centrada en el cuerpo, entre otras).
- El *enlace covalente*, ver apartado *a)*, se forma entre átomos de electronegatividad parecida, cuando se comparten electrones de dos átomos. En el enlace covalente se comparten electrones de dos átomos (con carácter de no metal) formando moléculas discretas o sólidos extendidos (moleculares o covalentes).

- El *enlace metálico* también se forma entre átomos de electronegatividad parecida por compartición/cesión de electrones de todos los átomos (metales), formando redes de átomos o cationes unidos mediante electrones móviles.

1.2. Define el concepto general de valencia y especifica este concepto cuando se aplica a un compuesto covalente y a un compuesto iónico.

El concepto de *valencia* se refiere al número de electrones de la *capa de valencia* (el nivel energético exterior del átomo) de los átomos de los distintos elementos de la tabla periódica. Son los electrones que participan (se ceden, se aceptan, o se comparten) en el enlace químico. A modo general, la valencia de un elemento se corresponde con el número del grupo en el que se encuentra el elemento. Para los átomos del periodo II a lo largo de la *tabla periódica*, el número de electrones de la capa de valencia es:

I	II	III	IV	V	VI	VII	VIII
Li	Be	B	C	N	O	F	Ne
$1\ e^-$	$2\ e^-$	$3\ e^-$	$4\ e^-$	$5\ e^-$	$6\ e^-$	$7\ e^-$	$8\ e^-$

1.3. Dibuja y explica la representación de la energía en función de la distancia entre dos átomos que se enlazan formando una molécula.

La curva de *energía potencial* de una molécula (o red) formada a partir de dos o más átomos presenta las siguientes características:

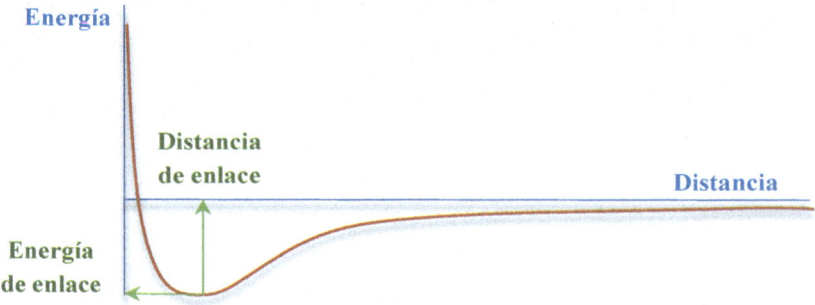

- Al aumentar la distancia interatómica (internuclear) hacia el infinito, la energía potencial disminuye hacia cero debido a la mínima interacción electroestática entre los átomos o iones separados.

- Al disminuir la distancia interatómica hacia cero, la energía potencial aumenta hacia el infinito debido a la repulsión máxima entre los núcleos y entre los electrones de los dos átomos.

- A la *distancia de enlace* se tiene el máximo solapamiento entre las nubes electrónicas de los dos átomos (fuerzas de atracción y repulsión electrónica y nuclear equilibradas), y por tanto la energía potencial de la molécula formada es mínima (estabilidad máxima) y corresponde con la *energía de enlace*.

1.4. Define la regla del octeto y explica cuáles son sus limitaciones. Cita ejemplos de tres especies a las que no pueda aplicarse esta regla.

La regla del octeto se refiere a los 8 e$^-$ de la *capa de valencia* (configuración del gas noble) que se alcanza en un átomo al formar enlaces químicos con otros átomos. Si el átomo tiene menos de 2 e$^-$ en la capa de valencia únicamente podría formar un dueto con los e$^-$ de otro átomo.

Esta regla presenta las siguientes excepciones (ejemplos entre paréntesis):

- Más de 8 e$^-$ en la capa de valencia del átomo central (Sn, P, S, Br).
- Menos de 8 e$^-$ en la capa de valencia del átomo central (B).
- Número impar de e$^-$ en la capa de valencia del átomo central (N).

1.5. En lo que se refiere al modelo de enlace en moléculas propuesto por Lewis:

a) Explícalo brevemente. ¿Qué es una estructura de Lewis?

b) Escribe fórmulas puntuales de Lewis y calcula las cargas formales asociadas a los átomos para los siguientes compuestos: H_2O, H_2S, NH_3, ICl_2^+, PH_3, PH_4^+, NI_3, N_2H_4, CS_2, CO_3^{2-}, $SiCl_4$, $POCl_3$, O_3.

Números atómicos: $Z(H) = 1$; $Z(N) = 7$; $Z(O) = 8$; $Z(P) = 15$; $Z(S) = 16$; $Z(Cl) = 17$; $Z(I) = 53$.

---

a)   La teoría de Lewis se basa en considerar los enlaces de las moléculas como

15

uno o más pares de electrones compartidos entre los átomos enlazados (mediante atracción de los núcleos positivos con los electrones negativos localizados entre estos). Una estructura de Lewis es la representación de una molécula indicando solo los e^- *en la capa de valencia*, sean de enlace (o compartidos), o de no enlace (no compartidos o solitarios), y los centros atómicos (núcleos y e^- que no son de la capa de valencia del átomo). Los e^- en la capa de valencia del átomo se dibujan como puntos y los centros atómicos con el símbolo de los elementos. Las reglas básicas para representar moléculas como estructuras de Lewis son:

(1) Dibujar el símbolo de los elementos. El menos electronegativo se coloca normalmente en el centro y los más electronegativos en los extremos.

(2) Colocar los e^- de valencia en forma de puntos alrededor del símbolo del elemento que se compartirán para alcanzar octetos de e^-.

(3) Distinguir entre pares solitarios y pares compartidos (completar duetos u octetos).

Para el cálculo de la carga formal (q) de los átomos en una molécula (asumiendo que los electrones se comparten) se utiliza la siguiente fórmula:

$$q = (\text{n}^\circ\ e^-\ \text{de valencia}) - (\text{n}^\circ\ e^-\ \text{no compartidos}) - 0{,}5 \cdot (\text{n}^\circ\ e^-\ \text{compartidos})$$

b) Las estructuras de Lewis son:

1.6. Los iones cianato (OCN⁻) y fulminato (CNO⁻) son isómeros estructurales, lo que significa que tienen la misma fórmula molecular pero diferentes disposiciones de átomos y propiedades químicas.

a) Dibuja las tres estructuras posibles para el ion cianato, NCO^-. En base a las cargas formales, decide cuál es la estructura que contribuye más al híbrido de resonancia.

b) El anión fulminato, CNO^-, se diferencia del anterior en que el nitrógeno está en el centro y en que es muy inestable (el fulminato de mercurio se utiliza como detonante). Da una explicación, en base a las cargas formales, para esta inestabilidad.

Números atómicos: $Z(C) = 6$; $Z(N) = 7$; $Z(O) = 8$.

a)   La estructura resonante más estable será la (I), ya que la carga negativa está en el átomo más electronegativo (O) y no hay separación de cargas:

$$NCO \Longrightarrow \left[:N\equiv C - \overset{\ominus}{\underset{..}{\overset{..}{O}}}: \longleftrightarrow \overset{\ominus}{\underset{..}{\overset{..}{N}}}=C=\overset{..}{\underset{..}{O}} \longleftrightarrow \overset{\ominus}{\underset{..}{\overset{..}{N}}} - C \equiv \overset{\oplus}{O}: \right]$$

I   II   III

b)   El ion fulminato es muy inestable ya que todas las estructuras resonantes presentan separación de cargas y, además, en las estructuras (I) y (II), las cargas negativas no residen sobre el átomo más electronegativo: $\chi(O) > \chi(C)$.

$$CNO \Longrightarrow \left[:\overset{\oplus}{O}\equiv \overset{\oplus}{N} - \underset{\ominus}{\overset{\ominus}{\overset{..}{C}}}: \longleftrightarrow \overset{..}{O}=\overset{\oplus}{N}=\underset{\ominus}{\overset{\ominus}{\overset{..}{C}}} \longleftrightarrow \overset{\ominus}{\underset{..}{\overset{..}{O}}} - \overset{\oplus}{N}\equiv \overset{\ominus}{C}: \right]$$

I   II   III

1.7. El óxido de dinitrógeno (óxido nitroso o «gas hilarante») se utiliza a veces como anestésico. Las longitudes de enlace en la molécula de N_2O son: enlace N–N = 113 pm; enlace N–O = 119 pm. Utiliza estos datos para discutir la verosimilitud de las estructuras de Lewis. ¿Son todas válidas?

La estructura resonante más estable será la (I), ya que la carga negativa está en el átomo más electronegativo (O) y la separación de cargas es la menor:

$$N_2O \implies \left[:N\equiv N - \overset{..}{\underset{..}{O}}: \quad\longleftrightarrow\quad \overset{..}{\underset{..}{N}}=N=\overset{..}{O} \quad\longleftrightarrow\quad :\overset{..}{N} - N\equiv O: \right]$$

| I | II | III |

1.8. De cada uno de los pares siguientes, elige el compuesto con el menor ángulo de enlace: *a*) SF_2 y SO_2, *b*) CF_4 y SF_4, *c*) NH_3 y H_2O.

Números atómicos: $Z(H) = 6$; $Z(C) = 6$; $Z(N) = 7$; $Z(O) = 8$; $Z(F) = 9$; $Z(S) = 16$.

---

a)

$O=S=O$ Angular
119°

S
F   F   Angular
98°

b)

H
|
$H^{\prime\prime\prime}C-H$ 109,5°
|
H
Tetraédrica

F
|
$F_{\prime\prime\prime}S$ 102°   187°
F
F
Balancín

c)

N
$H^{\prime\prime\prime}$ H   Pirámide
| Trigonal
H   107°

O
H   H   Angular
104,5°

1.9. Uno de los siguientes iones tiene geometría molecular triangular plana: *a*) SO_3^{2-}, *b*) PO_4^{3-}, *c*) PF_6^-, *d*) CO_3^{2-}. ¿De qué ion se trata?

Números atómicos: $Z(C) = 6$; $Z(O) = 8$; $Z(F) = 9$; $Z(P) = 15$; $Z(S) = 16$.

Las estructuras de Lewis y geometrías de cada molécula son:

a)

Pirámide trigonal

b)

Tetraédrica

c)

Octaédrica

d)

Triangular plana

Por tanto, se trata del ion carbonato, CO_3^{2-}.

1.10. Dibuja las estructuras de Lewis, así como la geometría predicha por la TRPECV para las siguientes moléculas: a) NO_3^-, b) ClNO, c) N_2O, d) ClF_3, e) XeF_4, f) PCl_4^-.

Números atómicos: $Z(N) = 7$; $Z(O) = 8$; $Z(F) = 9$; $Z(P) = 15$; $Z(Cl) = 17$; $Z(Xe) = 54$.

---

a)

Triangular plana

b)

Angular

c)

Lineal

d)

Forma de T

e)

Cuadrado plana

f)

Balancín

1.11. Describe la geometría molecular del H_2O sugerida por cada uno de los siguientes métodos: a) teoría de Lewis; b) método de enlace de valencia utilizando orbitales atómicos simples; c) TRPECV.

Además de la teoría de Lewis (véase problema 1.5 y apartado a) de esta cuestión), existen otras aproximaciones para explicar el enlace covalente entre átomos y la geometría resultante de moléculas.

Por un lado, el método de enlace de valencia utilizando orbitales atómicos simples *b*), o teoría de orbitales moleculares (híbridos), que se basa en la combinación lineal de orbitales atómicos para formar orbitales moleculares híbridos (de estos orbitales atómicos), con una densidad electrónica distribuida en geometrías sp, sp^2, sp^3, etc. Por ejemplo, un orbital s + un orbital p dan lugar a dos orbitales sp; un orbital s y dos orbitales p se «hibridan» en tres orbitales sp^2; y por último (el caso del agua), un orbital s y 3 orbitales p se combinan linealmente (se hibridan) en cuatro orbitales sp^3.

El apartado *c*) se refiere a la teoría de repulsión de pares electrónicos de la capa de valencia (TRPECV), basada en que dicha repulsión es la responsable de la geometría de la molécula cuando estos átomos se encuentran enlazados, ya que se orientan de forma que su repulsión sea mínima. Esto da lugar a geometrías (según el número de centros atómicos y pares solitarios) lineales (2), angulares (3), trigonales (4), tetraédricas (5), bipirámide trigonal (6) y octaédrica (7).

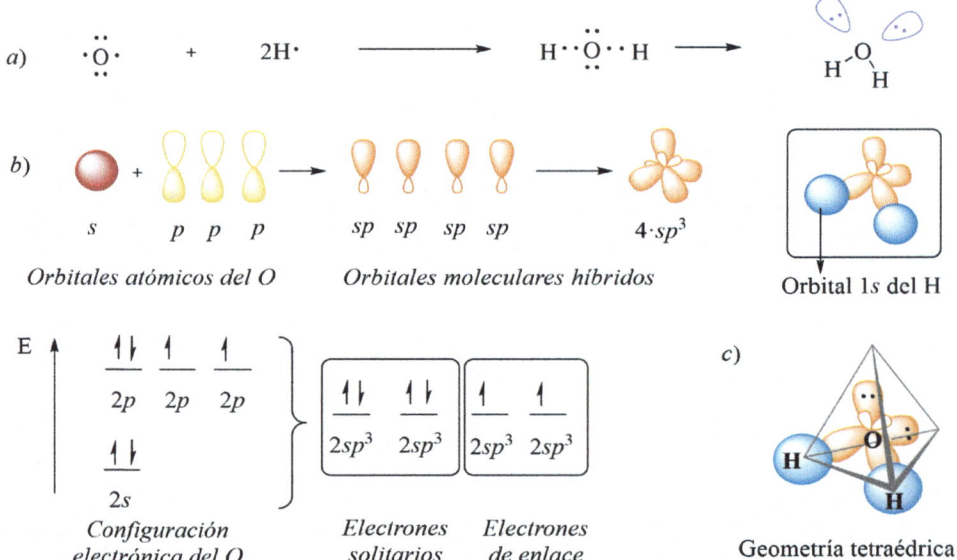

a)

b)

s   *p* *p* *p*   *sp* *sp* *sp* *sp* $4 \cdot sp^3$

Orbitales atómicos del O   *Orbitales moleculares híbridos*   Orbital 1*s* del H

E

$2p$ $2p$ $2p$

$2sp^3$ $2sp^3$ $2sp^3$ $2sp^3$

$2s$

Configuración   *Electrones* *Electrones*
electrónica del O   *solitarios* *de enlace*

c)

H   O

H

Geometría tetraédrica

1.12. Calcula la energía reticular del RbF a partir de los siguientes datos:

Calor de sublimación del rubidio	78 kJ/mol
Energía de disociación del flúor	160 kJ/mol
Energía de ionización del rubidio	402 kJ/mol
Afinidad electrónica del flúor	−322 kJ/mol
Calor de formación del fluoruro de rubidio	−552 kJ/mol

La energía asociada a los diferentes procesos tiene un valor positivo o negativo, indicando el carácter endotérmico (el sistema requiere de un aporte de energía) o el carácter exotérmico (se libera energía), respectivamente. Este carácter se relaciona estrechamente con el valor negativo de la energía reticular en compuestos iónicos, que a su vez contribuye a la estabilidad de dichos compuestos. La formación de enlaces iónicos libera más energía de la que se necesita para separar los átomos individuales en su estado gaseoso y convertirlos en iones, lo que contribuye a la estabilidad del compuesto iónico y resulta en un valor negativo para la energía reticular.

Dicho esto, planteamos el ciclo de Born-Haber:

$$\text{Rb (s)} \quad + \quad \tfrac{1}{2}\,\text{F}_2\,\text{(g)} \xrightarrow{\;\;\Delta H°_f\;\;} \text{RbF (s)}$$

$$78\,\tfrac{kJ}{mol}\;\Big\downarrow\,\Delta H°_{sub} \qquad \tfrac{1}{2}\cdot 160\,\tfrac{kJ}{mol}\;\Big\downarrow\,\Delta H°_{dis} \quad -522\,\tfrac{kJ}{mol}$$

$$\text{Rb (g)} \qquad\qquad \text{F (g)} \qquad\qquad U_r$$

$$402\,\tfrac{kJ}{mol}\;\Big\downarrow\,\text{EI} \qquad -322\,\tfrac{kJ}{mol}\;\Big\downarrow\,\text{EA}$$

$$\text{Rb}^+\,\text{(g)} \quad + \quad \text{F}^-\,\text{(g)}$$

Aplicamos la ley de Hess, según la cual la energía puesta en juego en una reacción es independiente del camino que se sigue. Por tanto:

$$\Delta H°_f = \Delta H°_{sub} + \text{EI} + \frac{1}{2}\Delta H°_{dis} + \text{EA} + U_r$$

$$-522 = 78 + 402 + \frac{1}{2}160 - 322 + U_r$$

Despejamos el valor de la energía reticular y obtenemos que $U_r = -790$ kJ/mol.

1.13. Calcula la electroafinidad (EA) del cloro a partir de los siguientes datos:

Calor de sublimación del potasio	89 kJ/mol
Energía de disociación del cloro	242 kJ/mol
Energía de ionización del potasio	419 kJ/mol
Energía reticular del cloruro de potasio	719 kJ/mol
Calor de formación del cloruro de potasio	−437 kJ/mol

Planteamos el ciclo de Born-Haber:

$$
\begin{array}{ccccc}
K\,(s) & + & \tfrac{1}{2}\,Cl_2\,(g) & \xrightarrow{\;\Delta H°_f\;} & KCl\,(s) \\[2mm]
89\,\tfrac{kJ}{mol}\Big\downarrow \Delta H°_{sub} & & \tfrac{1}{2}\cdot 242\,\tfrac{kJ}{mol}\Big\downarrow \Delta H°_{dis} & -437\,\tfrac{kJ}{mol} & \\[2mm]
K\,(g) & & Cl\,(g) & -719\,\tfrac{kJ}{mol}\quad U_r & \\[2mm]
419\,\tfrac{kJ}{mol}\Big\downarrow EI & & \Big\downarrow EA & & \\[2mm]
K^+\,(g) & + & Cl^-\,(g) & &
\end{array}
$$

Aplicamos la ley de Hess, según la cual la energía puesta en juego en una reacción es independiente del camino que se sigue. Por tanto:

$$\Delta H°_f = \Delta H°_{sub} + EI + \frac{1}{2}\Delta H°_{dis} + EA + U_r$$

$$-437 = 89 + 419 + \frac{1}{2}\,242 + EA - 719$$

Despejamos el valor de la afinidad electrónica y obtenemos: EA = −347 kJ/mol.

1.14. Para un compuesto hipotético de fórmula MgCl:

a) Calcula la energía reticular considerando que $r(Mg^+) = 82$ pm; $r(Cl^-) = 181$ pm; $A = 1,7476$ y $n = 8$.

b) Calcula la energía reticular del $MgCl_2$, considerando que $r(Mg^{2+}) = 72$ pm; $r(Cl^-) = 181$ pm; $A = 2,244$ y $n = 8$.

c) Explica qué compuesto es más estable en base a los valores de energía reticular obtenidos. Relaciona este resultado con la estructura electrónica del magnesio.

Datos: $\varepsilon_0 = 8,854 \cdot 10^{-12}$ $C^2 J^{-1} m^{-1}$; $e = 1,602 \cdot 10^{-19}$ C; $N_A = 6,022 \cdot 10^{23}$ mol^{-1}; $Z(Mg) = 12$

a) Calculamos U_r a partir de la ecuación de Born-Landé:

$$U_r = -\frac{N_A}{4\pi\varepsilon_0} \cdot \frac{|z_1| |z_2| e^2}{d} \cdot A \cdot \left(1 - \frac{1}{n}\right)$$

$d = (r_1 + r_2) = 82 + 181 = 263$ pm $= 2,63 \cdot 10^{-10}$ m. Por tanto,

$$U_r = -\frac{6,022 \cdot 10^{23}}{4\pi (8,854 \cdot 10^{-12})} \cdot \frac{|+1| |-1| (1,602 \cdot 10^{-19})^2}{2,63 \cdot 10^{-10}} \cdot 1,7476 \cdot \left(1 - \frac{1}{8}\right)$$

$$U_r(MgCl) = -807,6 \text{ kJ/mol}$$

b) Calculamos U_r del mismo modo con los nuevos datos. Sabemos que $d = (r_1 + r_2) = 72 + 181 = 253$ pm $= 2,53 \cdot 10^{-10}$ m. En este caso, el radio del catión es más pequeño (el Mg^{2+} tiene 1 electrón menos que el Mg^+). Del mismo modo, el valor de la constante de Madelung, A, es diferente ya que ésta tiene en cuenta las repulsiones interiónicas que se generan en un sistema cristalino en función del tipo de empaquetamiento (distinto para ambos compuestos). Por tanto,

$$U_r = -\frac{6,022 \cdot 10^{23}}{4\pi (8,854 \cdot 10^{-12})} \cdot \frac{|+2| |-1| (1,602 \cdot 10^{-19})^2}{2,53 \cdot 10^{-10}} \cdot 2,244 \cdot \left(1 - \frac{1}{8}\right)$$

$$U_r(MgCl_2) = -2.156,0 \text{ kJ/mol}$$

c) Es más estable el $MgCl_2$, ya que presenta un valor de energía reticular más grande (en valor absoluto). La configuración electrónica del Mg es: $1s^2\ 2s^2\ 2p^6\ 3s^2$. En vista de ello, el estado de oxidación más favorable para el magnesio es +2, ya que así se alcanza la configuración de gas noble. Un estado de oxidación +1 (como el que presenta el compuesto hipotético MgCl) implicaría una capa de valencia semillena ($3s^1$) dando menor estabilidad.

Como se observa, la relación entre el tamaño y la carga de los iones tiene un gran impacto en la energía reticular de los compuestos iónicos. Esta relación nos permite predecir la estabilidad de los compuestos sin necesidad de hacer cálculos cuantitativos. Iones más pequeños y más cargados contribuyen a una energía reticular más negativa y, por lo tanto, a una mayor estabilidad del compuesto iónico.

1.15. Se tienen dos compuestos iónicos AX y AX_2 cuyas energías reticulares son -800 y -2.100 kJ/mol, respectivamente. El elemento X es un halógeno, mientras que A puede ser un alcalino (grupo 1) o alcalinotérreo (grupo 2). En base a los valores de las energías reticulares y a la estructura electrónica de los iones implicados, razona si el elemento A es un alcalino o alcalinotérreo.

De los valores de energía reticular observamos que $|U_r|_{AX} < |U_r|_{AX_2}$. Por tanto, se deduce que es más estable la formación de AX_2. En consecuencia, el compuesto está formado por los iones X^- y A^{2+}. Puesto que el estado de oxidación de A es $+2$, se concluye que este elemento es un alcalinotérreo.

Cabe destacar que la configuración electrónica de la capa de valencia de un alcalinotérreo es ns^2, con lo que el estado de oxidación más favorable para los elementos de este grupo es $+2$, ya que eso les permite alcanzar la configuración electrónica de gas noble.

1.16. Los hidruros salinos se caracterizan formalmente por contener al hidrógeno en estado de oxidación -1, y existen solo para los metales más electropositivos (grupos 1 y 2). Los hidruros de los elementos alcalinos presentan estructura de tipo NaCl (empaquetamiento cúbico centrado en las caras para los aniones, *fcc*, ocupando los cationes todos los huecos octaédricos).

a) Determina la entalpía de formación del hidruro de rubidio a partir de los siguientes datos:

$A = 1,7476$; $n(H^-) = 5$; $n(Rb^+) = 10$; $a(RbH) = 6,037$ Å;

$\varepsilon_0 = 8,854 \cdot 10^{-12}$ $C^2 J^{-1} m^{-1}$; $e = 1,602 \cdot 10^{-19}$ C; $N_A = 6,022 \cdot 10^{23}$ mol^{-1};

M (Rb) = 85,47 g/mol;

ΔH°_{sub}(Rb, s) = 78 kJ/mol; 1.ª EI (Rb, g) = 402 KJ/mol; ΔH°_{dis}(H_2, g) = 436 kJ/mol; 1.ª EA (H, g) = 73 kJ/mol

b) Razona si el hidruro de rubidio es o no estable, teniendo en cuenta el resultado obtenido en el apartado anterior.

c) Calcula la densidad del rubidio metal, el cual cristaliza en una estructura cúbica centrada en el cuerpo (*bcp*) con $a = 5,605$ Å.

a) En primer lugar, con los datos proporcionados por el enunciado y la ecuación de Born-Landé calcularemos la energía reticular del RbH. Observamos que nos dan los valores de los dos coeficientes de n. Para sustituir el valor en la ecuación, se calcula el valor promedio:

$$n = \frac{n_1 + n_2}{2} = \frac{5 + 10}{2} = 7,5$$

Por otro lado, vemos que el problema no nos da los valores de los radios iónicos, pero sí nos da el valor de la arista (a) de la celda unidad del compuesto. El RbH cristaliza en una estructura tipo NaCl. De este modo, podemos obtener una expresión que relacione a con la distancia interiónica ($d = r_1 + r_2$). La siguiente figura muestra la celda unidad del RbH haciendo énfasis en el hecho de que el contacto entre los iones se produce en la misma arista del cristal.

Con ello, se llega a la conclusión de que $a = r_1 + 2r_2 + r_1 = 2(r_1 + r_2) = 2d$. En definitiva,

$$d = \frac{a}{2} = \frac{6{,}037}{2} \approx 3 \text{ Å} = 3 \cdot 10^{-10} \text{ m}$$

$$U_r = -\frac{N_A}{4\,\pi\,\varepsilon_0} \cdot \frac{|z_1|\,|z_2|\,e^2}{d} \cdot A \cdot \left(1 - \frac{1}{n}\right)$$

$$U_r = -\frac{6{,}022 \cdot 10^{23}}{4\,\pi\,(8{,}854 \cdot 10^{-12})} \cdot \frac{|1|\,|-1|\,(1{,}602 \cdot 10^{-19})^2}{3 \cdot 10^{-10}} \cdot 1{,}7476 \cdot \left(1 - \frac{1}{7{,}5}\right)$$

$$U_r(\text{RbH}) = -701{,}3 \text{ kJ/mol}$$

A continuación, planteamos el ciclo de Born-Haber:

$$\Delta H^\circ{}_f = \Delta H^\circ{}_{sub} + EI + \frac{1}{2}\Delta H^\circ{}_{dis} + EA + U_r$$

$$\Delta H^\circ{}_f = 78 + 402 + \frac{1}{2}436 + 73 - 701{,}3 \longrightarrow \Delta H^\circ{}_f = -70 \text{ kJ/mol}$$

b) La energía de formación es negativa (proceso exotérmico), por lo que se desprende energía en el proceso de formación del compuesto iónico a partir de sus elementos constituyentes y, desde un punto de vista termodinámico, la formación de RbH es favorable.

c) Si queremos calcular el volumen de la celda unidad, V_{celda}, nos basta con el parámetro de celda a, ya que $V_{celda} = a^3$.

$$V_{celda} = (5,605 \cdot 10^{-10})^3 = 1,76 \cdot 10^{-28} \text{ m}^3 = 1,76 \cdot 10^{-22} \text{ cm}^3 \text{ (o mL)}$$

En una celda unidad *bcp* hay 2 átomos de Rb. De modo que la masa es:

$$m_{celda} = 2 \text{ át Rb} \cdot \frac{1 \text{ mol Rb}}{6,022 \cdot 10^{23} \text{ át Rb}} \cdot \frac{85,47 \text{ g Rb}}{1 \text{ mol Rb}} = 2,84 \cdot 10^{-22} \text{ g}$$

Por lo que la densidad es igual a

$$\rho = \frac{m_{celda}}{V_{celda}} = \frac{2,84 \cdot 10^{-22} \text{ g}}{1,76 \cdot 10^{-22} \text{ cm}^3} = 1{,}61 \text{ g/cm}^3$$

1.17. El RbCl es un compuesto que presenta estructura cristalina tipo CsCl a altas presiones (empaquetamiento cúbico simple de aniones, ocupando el catión el centro del cubo).

a) Determina la energía reticular del RbCl (s). ¿Qué es la energía reticular?

b) Establece el ciclo de Born-Haber y determina la entalpía de formación del RbCl (s) indicando si el compuesto RbCl es o no estable a 25 °C según los resultados obtenidos.

Datos: $A = 1,763$; $n(Cl^-) = 9$; $n(Rb^+) = 10$; $a(RbCl) = 4,123$ Å;

$\varepsilon_0 = 8,854 \cdot 10^{-12} \text{ C}^2 \text{ J}^{-1} \text{ m}^{-1}$; $e = 1,602 \cdot 10^{-19}$ C; $N_A = 6,022 \cdot 10^{23} \text{ mol}^{-1}$;

$\Delta H°_{sub}(Rb, s) = 78$ kJ/mol; 1.ª EI (Rb, g) = 402 KJ/mol; $\Delta H°_{dis}(Cl_2, g) =$ 242 kJ/mol; 1.ª EA (Cl, g) = –347 kJ/mol

---

a) En primer lugar, con los datos proporcionados por el enunciado y la ecuación de Born-Landé calcularemos la energía reticular del RbCl. Observamos que nos dan los valores de los dos coeficientes de n. Para sustituir el valor en la ecuación, se calcula la media:

$$n = \frac{n_1 + n_2}{2} = \frac{9 + 10}{2} = 9,5$$

Por otro lado, vemos que el problema no nos da los valores de los radios iónicos, pero sí nos da el valor de la arista (a) de la celda unidad del compuesto. El RbCl cristaliza en una estructura tipo CsCl. De este modo, podemos obtener una expresión que relacione a con la distancia interiónica ($d = r_1 + r_2$). La siguiente figura muestra la celda unidad del RbCl haciendo énfasis en el hecho de que el contacto entre los iones se produce en la diagonal del cubo.

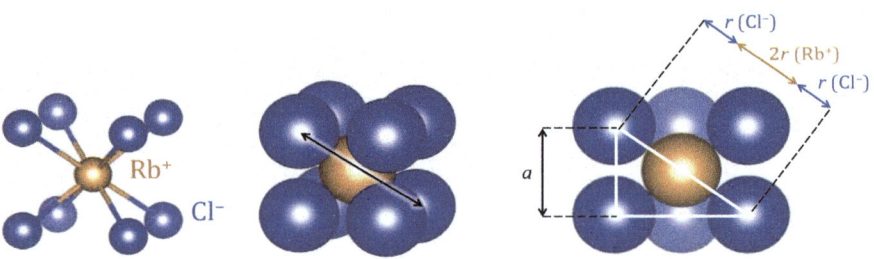

Con ello, se llega a la conclusión de que $D_{cubo} = r_1 + 2r_2 + r_1 = 2(r_1 + r_2) = 2d$. Como el dato que tenemos es la arista, hemos de relacionar a con la diagonal de la cara (d_{cara}) y la del cubo (D_{cubo}).

Aplicando el teorema de Pitágoras, se obtiene que $d_{cara} = \sqrt{2}a$. Por otro lado,

$$D_{cubo} = \sqrt{a^2 + d_{cara}^2} = \sqrt{3}a = 2d \quad \longrightarrow \quad d = \frac{\sqrt{3}}{2}a$$

$$d = \frac{\sqrt{3}}{2} \cdot (4,123) = 3,57 \text{ Å} = 3,57 \cdot 10^{-10} \text{ m}$$

Por tanto, el valor de la energía reticular es:

$$U_r = -\frac{N_A}{4\,\pi\,\varepsilon_0} \cdot \frac{|z_1|\,|z_2|\,e^2}{d} \cdot A \cdot \left(1 - \frac{1}{n}\right)$$

$$U_r = -\frac{6,022 \cdot 10^{23}}{4\,\pi\,(8,854 \cdot 10^{-12})} \cdot \frac{|1|\,|-1|\,(1,602 \cdot 10^{-19})^2}{3,57 \cdot 10^{-10}} \cdot 1,763 \cdot \left(1 - \frac{1}{9,5}\right)$$

$$U_r(\text{RbCl}) = -613,8 \text{ kJ/mol}$$

Este valor es la energía que se desprende (reducción de energía potencial respecto a los iones separados en estado gas) como resultado de la sujeción de los iones en una red mediante interacciones o fuerzas de atracción electrostáticas:

$$U_r = U_r \ (iones \ empaquetados, sólido) - U_r \ (iones \ separados, gas)$$

$$MX \ (s) \leftrightarrows M^+ \ (g) + X^- \ (g)$$

b)

Como tenemos calculada U_r del apartado anterior, podemos sustituir los valores en la siguiente expresión:

$$\Delta H°_f = \Delta H°_{sub} + EI + \frac{1}{2}\Delta H°_{dis} + EA + U_r$$

$$\Delta H°_f = 78 + 402 + \frac{1}{2}242 - 347 - 613,8 \longrightarrow \Delta H°_f = -360 \ kJ/mol$$

1.18. Calcula la densidad del Pt teniendo en cuenta que presenta una estructura cúbica centrada en las caras (*fcc*), con $a = 3,923$ Å.

Dato: M (Pt) = 195,09 g/mol

Si queremos calcular el volumen de la celda unidad, V_{celda}, nos basta con el parámetro de celda a, ya que $V_{celda} = a^3$.

$$V_{celda} = (3,923 \cdot 10^{-10})^3 = 6,04 \cdot 10^{-28} \ m^3 = 6,04 \cdot 10^{-22} \ cm^3 \ (o \ mL)$$

En una celda unidad *fcc* hay 4 átomos de Pt, tal y como se muestra en la figura:

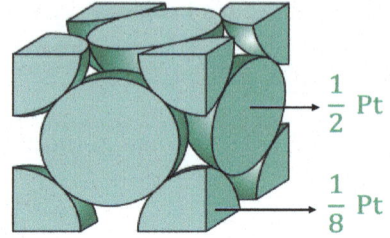

$$\text{át Pt} = 6 \cdot \frac{1}{2} + 8 \cdot \frac{1}{8} = 4$$

De modo que la masa es:

$$m_{\text{celda}} = 4 \text{ át Pt} \cdot \frac{1 \text{ mol Pt}}{6{,}022 \cdot 10^{23} \text{ át Pt}} \cdot \frac{195{,}09 \text{ g Pt}}{1 \text{ mol Pt}} = 1{,}30 \cdot 10^{-21} \text{ g}$$

Por lo que la densidad es igual a

$$\rho = \frac{m_{\text{celda}}}{V_{\text{celda}}} = \frac{1{,}30 \cdot 10^{-21} \text{ g}}{6{,}04 \cdot 10^{-22} \text{ cm}^3} = 2{,}15 \text{ g/cm}^3$$

CAPÍTULO II

Ácidos y bases

CONCEPTOS TEÓRICOS

2.1. Generalidades de termoquímica para equilibrios químicos en general

- *Termodinámica de la reacción*: equilibrio químico como tendencia de los reactivos a alcanzar un estado de mínima energía de Gibbs (G).

   Cuando la presión y la temperatura son constantes, la condición de equilibrio se define cuando la diferencia de energía de Gibbs entre los productos y los reactivos es cero: P, T = constantes $\longrightarrow \Delta G = 0$ (condición de equilibrio químico).
- *Cociente de reacción* (Q, en cualquier momento) y *constante de equilibrio* (K_{eq}, cuando $\Delta G = 0$): nos da la relación entre (el cociente de) productos y reactivos, es decir, la composición de la reacción.

   Para la reacción general:

   aA (aq) + bB (aq) $\leftrightarrows$ cC (aq) + dD (aq)

         Reactivos   Productos

   $$Constante\ de\ equilibrio = K_{eq} = \frac{[\text{C}]^c\,[\text{D}]^d}{[\text{A}]^a\,[\text{B}]^b}$$

   donde $[i]$ indica la concentración en mol/L (o M) de la especie química i.

Cuando la diferencia de energía de Gibbs estándar (a 25 °C y 1 atm) entre reactivos y productos es negativa, $\Delta G° < 0$, la reacción es exergónica (libera energía), mientras que cuando $\Delta G° > 0$, la reacción es endergónica (absorbe energía).

Para la resolución de problemas de equilibrio se suele conocer la constante y, a partir de este dato, y de las concentraciones de reactivo inicial $[A]_i$ y/o $[B]_i$ podemos calcular las concentraciones de equilibrio. Las concentraciones de reactivos y productos en el equilibrio pueden calcularse a partir de K_{eq} y del cambio de concentración (cantidad de A y B que reaccionan para dar C y D) que desconocemos (llamado x). Estos casos los resolveremos normalmente mediante la siguiente tabla de equilibrio:

$$aA \text{ (aq)} + bB \text{ (aq)} \leftrightarrows cC \text{ (aq)} + dD \text{ (aq)}$$

[i]	$[A]_i$	$[B]_i$	–	–
[r]	ax	bx	–	–
[eq]	$[A]_i - ax$	$[B]_i - bx$	cx	dx

Sustituyendo en la constante de equilibrio tenemos el siguiente polinomio:

$$K_{eq} = \frac{[C]^c \, [D]^d}{[A]^a \, [B]^b} = \frac{(cx)^c \, (dx)^d}{([A]_i - ax)^a \, ([B]_i - bx)^b}$$

Suponiendo que $a = b = c = d = 1$, y que $x \ll [A]_i, [B]_i$:

$$K_{eq} = \frac{x^2}{([A]_i - x) \, ([B]_i - x)} \approx \frac{x^2}{[A]_i \, [B]_i}$$

Despejando x, se calculan las concentraciones de las especies en el equilibrio.

2.2. Particularidades de los equilibrios de transferencia protónica en agua

Según la teoría de Brønsted-Lowry, un ácido es una sustancia capaz de ceder un protón (H^+), mientras que una base es una sustancia capaz de aceptarlo. En una reacción ácido-base, un ácido (HA) dona un protón a una base (B), formando la base conjugada del ácido (A^-) y el ácido conjugado de la base (BH^+). Los ácidos y bases se clasifican como fuertes o débiles según su capacidad para ionizarse en disolución acuosa. Los ácidos y bases fuertes se disocian completamente, mientras que los ácidos y bases débiles, sólo parcialmente. El equilibrio que una especie ácida HA establece en agua y su correspondiente constante ácida (K_a) es:

HA (aq) + H_2O (l) $\leftrightarrows$ H_3O^+ (aq) + A^- (aq)

Ácido   Base conjugada

$$Constante\ de\ acidez\ =\ K_a\ =\ \frac{[H_3O^+]\,[A^-]}{[HA]}$$

Se define «p» como «$-\log$» de una magnitud: $pH = -\log[H_3O^+]$, $pK_a = -\log K_a$. El equilibrio que una especie básica A^- establece en agua y su correspondiente constante básica (K_b) es:

A^- (aq) + H_2O (l) $\leftrightarrows$ OH^- (aq) + HA (aq)

Base   Ácido conjugado

$$Constante\ de\ basicidad\ =\ K_b\ =\ \frac{[OH^-]\,[HA]}{[A^-]}$$

Se puede definir que: $pOH = -\log[OH^-]$, y $pK_b = -\log K_b$. Además, el agua pura también se autotransfiere protones según el equilibrio siguiente de autoprotólisis, con su correspondiente constante K_w:

$2H_2O$ (l) $\leftrightarrows$ H_3O^+ (aq) + OH^- (aq)

$K_w = [H_3O^+]\,[OH^-] = 10^{-14}$ (a 25 °C y 1 atm)

Por tanto, se tiene que: $pK_w = -\log K_w = 14$, $pH + pOH = 14$.

La constante ácida y básica de un par ácido-base conjugados están relacionadas con la constante de autoprotólisis del agua:

$$K_a \cdot K_b = \frac{[H_3O^+]\,[A^-]}{[HA]} \cdot \frac{[OH^-]\,[HA]}{[A^-]} = [H_3O^+]\,[OH^-] = K_w$$

$K_a \cdot K_b = K_w$ $\longrightarrow$ $pK_a + pK_b = pK_w$

2.3. Casos prácticos de los equilibrios de transferencia protónica en agua

A continuación, destacaremos los casos principales de cálculo de pH que se trabajarán en este capítulo. Por simplificación, se omite el estado de las especies, que en todos los casos es acuoso, excepto para el agua, que es líquido.

	Ácido fuerte			*Base fuerte*

$$HA + H_2O \longrightarrow H_3O^+ + A^-$$

$$B + H_2O \longrightarrow OH^- + BH^+$$

[i]	$[HA]_i$	$-$
[f]	$-$	$[H_3O^+] = [HA]_i$

[i]	$[B]_i$	$-$
[f]	$-$	$[OH^-] = [B]_i$

$$[HA]_i \gg 10^{-7}M; \quad K_a = \infty$$

$$pH = -\log [HA]_i$$

$$[B]_i \gg 10^{-7}M; \quad K_b = \infty$$

$$pOH = -\log [B]_i$$

	Ácido débil			*Base débil*

$$HA + H_2O \leftrightarrows H_3O^+ + A^-$$

$$B + H_2O \leftrightarrows OH^- + BH^+$$

[i]	$[HA]_i$	$-$
[eq]	$[HA]_i - x$	$[H_3O^+] = [A^-] = x$

[i]	$[B]_i$	$-$
[eq]	$[B]_i - x$	$[OH^-] = [BH^+] = x$

$$\frac{[HA]_i}{K_a} > 100; \quad K_a \ll 1$$

$$K_a = \frac{x^2}{[HA]_i - x} \approx \frac{x^2}{[HA]_i}$$

$$x = [H_3O^+] = (K_a [HA]_i)^{1/2}$$

$$pH = \frac{1}{2}pK_a - \frac{1}{2}\log[HA]_i$$

$$\frac{[B]_i}{K_b} > 100; \quad K_b \ll 1$$

$$K_b = \frac{x^2}{[B]_i - x} \approx \frac{x^2}{[B]_i}$$

$$x = [OH^-] = (K_b [B]_i)^{1/2}$$

$$pOH = \frac{1}{2}pK_b - \frac{1}{2}\log[B]_i$$

	Tampón ácido-base (ecuación de Henderson-Hasselbalch)

$$HA + H_2O \leftrightarrows H_3O^+ + A^-$$

[i]	$[HA]_i$	$[A^-]_i$
[eq]	$\approx [HA]_i$	$\approx [A^-]_i$

$$K_a = \frac{[H_3O^+] [A^-]}{[HA]}$$

$$[H_3O^+] = K_a \frac{[A^-]}{[HA]}$$

$$pH = pK_a + \log \frac{[A^-]_i}{[HA]_i}$$

RESOLUCIÓN DE PROBLEMAS

2.1. Realiza los siguientes cálculos estequiométricos:

a) En una botella de HCl se indican los siguientes datos: densidad = 1,18 g/mL, riqueza = 35,5 %, peso molecular = 36,47 g/mol. Calcula los mL de HCl que se han de tomar para preparar 500 mL de una disolución 0,5 M.

b) En un bote de NaOH se indican los siguientes datos: riqueza = 97 %, peso molecular = 40,0 g/mol. Calcula los gramos de NaOH que se han de pesar para preparar 250 mL de una disolución 1 M.

a) Se calcula la cantidad de HCl comercial que hay que utilizar:

$$0,5 \text{ L dis} \cdot \frac{0,5 \text{ mol HCl}}{1 \text{L dis}} \cdot \frac{36,47 \text{ g HCl}}{1 \text{ mol HCl}} \cdot \frac{100 \text{ g HCl com.}}{35,5 \text{ g HCl}} \cdot \frac{1 \text{ mL HCl com.}}{1,18 \text{ g HCl com.}} =$$

$$= 21,8 \text{ mL de HCl comercial}$$

b) Se calculan los gramos de NaOH comercial que hay que pesar:

$$0,25 \text{ L dis} \cdot \frac{1 \text{ mol NaOH}}{1 \text{L dis}} \cdot \frac{40 \text{ g NaOH}}{1 \text{ mol NaOH}} \cdot \frac{100 \text{ g NaOH com.}}{97 \text{ g NaOH}} =$$

$$= 10,31 \text{ g de NaOH comercial}$$

2.2. Contesta las siguientes cuestiones.

a) ¿Puede una disolución tener un pH mayor que 14? ¿Y menor que 0? Justifica la respuesta con expresiones matemáticas o cálculos numéricos.

b) Deduce matemáticamente qué relación hay entre la K_a y la correspondiente K_b conjugada para un ácido débil HA.

a) Una disolución puede tener tanto un pH mayor que 14 como menor que 0. La definición del pH viene determinada por la expresión: $pH = -\log [H_3O^+]$. Por tanto, $[H_3O^+] = 10^{-pH}$. A continuación, evaluamos los casos límites, es decir, pH = 0, y pH = 14.

- Si pH = 0, $[H_3O^+] = 10^0 = 1$ M. De modo que si $[H_3O^+] > 1$ M, pH < 0. Por ejemplo, una disolución de HCl 2M (pH = −0,3).

- Si pH = 14, $[H_3O^+] = 10^{-14}$ M. La relación que existe entre $[H_3O^+]$ y $[OH^-]$ viene definida por el valor del producto iónico del agua, K_w, $K_w = [H_3O^+] [OH^-]$. Por tanto, se puede establecer que:

$$[OH^-] = \frac{K_w}{[H_3O^+]} = \frac{10^{-14}}{10^{-14}} = 10^0 = 1 \text{ M}$$

De modo que si $[OH^-] > 1$ M, pH > 14. Por ejemplo, una disolución de NaOH 2 M (pH = 14,3).

b) El equilibrio correspondiente a la hidrólisis de un ácido débil HA es:

HA (aq) + H₂O (l) ⇆ H₃O⁺ (aq) + A⁻ (aq)

Ácido   Base conjugada

Por tanto, la expresión de la constante de acidez es:

$$K_a = \frac{[H_3O^+] [A^-]}{[HA]}$$

De modo similar, se puede escribir la hidrólisis de la base y su constante:

A⁻ (aq) + H₂O (l) ⇆ OH⁻ (aq) + HA (aq)

Base   Ácido conjugado

$$K_b = \frac{[OH^-] [HA]}{[A^-]}$$

Combinando ambas expresiones se obtiene que:

$$K_a \cdot K_b = \frac{[H_3O^+] [A^-]}{[HA]} \cdot \frac{[OH^-] [HA]}{[A^-]} = [H_3O^+] [OH^-] = K_w$$

$$K_a \cdot K_b = K_w \quad \longrightarrow \quad pK_a + pK_b = pK_w$$

2.3. Con los datos que se proporcionan, ordena los siguientes compuestos de mayor a menor acidez:

HCOOH (ácido fórmico) pK_a (ácido fórmico) = 3,8

CH₃COOH (ácido acético) pK_b (ion acetato) = 9,2

NH₄Cl (cloruro de amonio) K_a (ion amonio) = $6,31 \cdot 10^{-10}$

HF (ácido fluorhídrico) K_b (ion fluoruro) = $1,58 \cdot 10^{-11}$

Para poder comparar los compuestos tenemos que utilizar el mismo criterio. Por ejemplo, hacer uso del valor de pK_a para todos.

HCOOH $pK_a = 3,8$

CH₃COOH $pK_b - 9,2 \longrightarrow pK_a = 14 - pK_b = 14 - 9,2 = 4,8$

NH₄Cl $K_a = 6,31 \cdot 10^{-10} \longrightarrow pK_a = -\log K_a = 9,2$

HF $K_b = 1,58 \cdot 10^{-11} \longrightarrow pK_b = -\log K_b = 10,8 \longrightarrow pK_a = 3,2$

Para un ácido débil HA, cuanto mayor sea K_a, más desplazado está el equilibrio hacia la derecha. Es decir, habrá mayor $[H_3O^+]$ y, por tanto, el compuesto será más ácido. Como $pK_a = -\log K_a$, cuanto menor sea el valor de pK_a, mayor será la constante de acidez. De este modo, los compuestos quedan ordenados de mayor a menor acidez según: HF > HCOOH > CH₃COOH > NH₄Cl.

2.4. Determina el pH de las siguientes disoluciones:

a) NaOH 0,01 M

b) NaOH 10^{-8} M

c) HCl 0,5 M

d) HCl 10^{-8} M

a) El NaOH es una base fuerte que en agua se encuentra totalmente ionizada:

$$\text{NaOH (aq)} + \text{H}_2\text{O (l)} \longrightarrow \text{OH}^- \text{(aq)} + \text{Na}^+ \text{(aq)}$$

[i]	0,01	–	–	–
[f]	–	–	0,01	0,01

El valor de $[\text{OH}^-]$ es 0,01 M. Por tanto, se obtiene que pOH = $-\log [\text{OH}^-] = -\log (0,01) = 2,00$. Y como pH = $14 - \text{pOH} = 14 - 2,00$, pH = 12,00.

Cabe destacar que, como aproximación, hemos despreciado la concentración de hidroxilos proveniente del equilibrio de autoprotólisis del agua, $[\text{OH}^-]_i \approx 0$ M, ya que el número de hidroxilos provenientes del equilibrio del agua es muy inferior al de la disociación de la base.

b) El NaOH es una base fuerte que en disolución acuosa se encuentra totalmente ionizada:

$$\text{NaOH (aq)} + \text{H}_2\text{O (l)} \longrightarrow \text{OH}^- \text{(aq)} + \text{Na}^+ \text{(aq)}$$

[i]	10^{-8}	–	–	–
[f]	–	–	10^{-8}	10^{-8}

Si aplicamos la misma aproximación que en el caso anterior, el valor de $[\text{OH}^-]$ sería 10^{-8} M. Por tanto, pOH = $-\log [\text{OH}^-] = -\log (10^{-8}) = 8,00$. Y como pH = $14 - \text{pOH}$, el pH de la disolución sería pH = 6,00. Sin embargo, este resultado no tiene sentido, ya que el pH de una base no puede ser ácido. Por tanto, no se puede despreciar la autoionización del agua:

$$2\text{H}_2\text{O (l)} \leftrightharpoons \text{H}_3\text{O}^+ \text{(aq)} + \text{OH}^- \text{(aq)}$$

[i]	c	–	10^{-8}
[eq]	$c - x$	x	$10^{-8} + x$

Como ha de cumplirse la expresión de la constante $K_w = [\text{H}_3\text{O}^+] [\text{OH}^-]$,

$$K_w = x (10^{-8} + x) = 10^{-14} \longrightarrow x^2 + (10^{-8})x - 10^{-14} = 0$$

Resolviendo la ecuación se obtiene que $x = 9,5 \cdot 10^{-8}$. Por tanto,

$$\text{pH} = -\log [\text{H}_3\text{O}^+] = -\log x = -\log (9,5 \cdot 10^{-8}) \longrightarrow \text{pH} = 7,02$$

c) El HCl es un ácido fuerte que en disolución acuosa se encuentra totalmente ionizado:

$$HCl\ (aq) + H_2O\ (l) \longrightarrow H_3O^+\ (aq) + Cl^-\ (aq)$$

[i]   0,5   –   –   –

[f]   –   –   0,5   0,5

El valor de $[H_3O^+]$ es 0,5 M. Como $pH = -\log[H_3O^+] = -\log(0,5)$, $pH = 0,30$. Igual que en el apartado *a)*, se ha despreciado el equilibrio de autoprotólisis del agua, $[H_3O^+]_i \approx 0$ M, ya que el número de protones provenientes del equilibrio del agua es muy inferior al de la disociación del ácido.

d) El HCl es un ácido fuerte que en disolución acuosa se encuentra totalmente ionizado:

$$HCl\ (aq) + H_2O\ (l) \longrightarrow H_3O^+\ (aq) + Cl^-\ (aq)$$

[i] 10^{-8} –   –   –

[f]   –   – 10^{-8} 10^{-8}

Si aplicamos la misma aproximación que en el caso anterior, el valor de $[H_3O^+]$ sería 10^{-8} M. Por tanto, $pH = -\log[H_3O^+] = -\log(10^{-8})$, $pH = 8,00$. Sin embargo, este resultado no tiene sentido, ya que el pH de un ácido no puede ser > 7. Por tanto, no se puede despreciar la autoionización del agua:

$$2H_2O\ (l) \leftrightharpoons H_3O^+\ (aq) + OH^-\ (aq)$$

[i] c 10^{-8} –

[eq] $c-x$ $10^{-8}+x$ x

Como ha de cumplirse la expresión de la constante $K_w = [H_3O^+][OH^-]$,

$$K_w = (10^{-8}+x)\cdot x = 10^{-14} \longrightarrow x^2 + (10^{-8})x - 10^{-14} = 0$$

Resolviendo la ecuación se obtiene que $x = 9,5\cdot10^{-8}$. Por tanto,

$$[H_3O^+] = 10^{-8} + x = 1,05\cdot10^{-8}\ M \longrightarrow pH = -\log[H_3O^+] = 6,97$$

2.5. Calcula el pH de las siguientes disoluciones:

a) Ácido cianhídrico (HCN) 0,01 M

b) Amoníaco (NH₃) 0,2 M

c) Etilamina (CH₃CH₂NH₂) 0,01 M

Datos: pK_a (HCN) = 9,2; pK_a (NH₄⁺) = 9,25; pK_b (etilamina) = 3,4

a) El HCN es un ácido débil que en disolución acuosa se encuentra parcialmente disociado:

$$HCN\ (aq) + H_2O\ (l) \leftrightarrows H_3O^+\ (aq) + CN^-\ (aq)$$

[i]   0,01   –   –   –

[eq]   0,01 − x – x x

La expresión de la constante de acidez es:

$$K_a = \frac{[H_3O^+]\,[CN^-]}{[HCN]} = \frac{x^2}{0,01 - x} = 10^{-9,2} = 6,31 \cdot 10^{-10}$$

Para poder despreciar el valor de x del denominador, debemos ver si se cumple que:

$$\frac{c}{K_a} > 100 \quad \longrightarrow \quad \frac{0,01}{6,31 \cdot 10^{-10}} = 1,6 \cdot 10^7 > 100$$

$$K_a = \frac{x^2}{0,01} = 6,31 \cdot 10^{-10} \quad \longrightarrow \quad x = 2,51 \cdot 10^{-6} = [H_3O^+]$$

$$pH = -\log [H_3O^+] \quad \longrightarrow \quad pH = 5,60$$

b) El amoníaco es una base débil que en disolución acuosa se encuentra parcialmente disociada:

$$NH_3\ (aq) + H_2O\ (l) \leftrightarrows OH^-\ (aq) + NH_4^+\ (aq)$$

[i]   0,2   –   –   –

[eq]   0,2 − x – x x

El valor de la constante de basicidad es:

$$K_b = \frac{K_w}{K_a} = \frac{10^{-14}}{10^{-9,25}} = 10^{-4,75} = 1,78 \cdot 10^{-5}$$

La expresión de la constante de basicidad según el equilibrio es:

$$K_b = \frac{[OH^-][NH_4^+]}{[NH_3]} = \frac{x^2}{0,2 - x} = 1,78 \cdot 10^{-5}$$

Para poder despreciar el valor de x del denominador, debemos ver si se cumple que:

$$\frac{c}{K_b} > 100 \longrightarrow \frac{0,2}{1,78 \cdot 10^{-5}} = 1,1 \cdot 10^4 > 100$$

Por tanto, la expresión se reduce a:

$$K_b = \frac{x^2}{0,2} = 1,78 \cdot 10^{-5} \longrightarrow x = 1,89 \cdot 10^{-3} = [OH^-]$$

$$pOH = -\log [OH^-] \longrightarrow pOH = 2,72 \quad \blacktriangleright \quad pH = 11,28$$

c) La etilamina es una base débil que en disolución acuosa se encuentra parcialmente disociada:

$$CH_3CH_2NH_2 \text{ (aq)} + H_2O \text{ (l)} \leftrightarrows OH^- \text{ (aq)} + CH_3CH_2NH_3^+ \text{ (aq)}$$

[i]   0,01   –   –   –

[eq]   0,01 − x   –   x   x

La expresión de la constante de basicidad es:

$$K_b = \frac{[OH^-][CH_3CH_2NH_3^+]}{[CH_3CH_2NH_2]} = \frac{x^2}{0,01 - x} = 10^{-3,4} = 3,98 \cdot 10^{-4}$$

Para poder despreciar el valor de x del denominador, debemos ver si se cumple que:

$$\frac{c}{K_b} > 100 \longrightarrow \frac{0,01}{3,98 \cdot 10^{-4}} = 25 < 100$$

Por tanto, no podemos despreciar x y debemos resolver la ecuación de segundo grado:

$$\frac{x^2}{0,01 - x} = 3,98 \cdot 10^{-4} \longrightarrow x^2 + (3,98 \cdot 10^{-4})x - 3,98 \cdot 10^{-6} = 0$$

$$x = 1,81 \cdot 10^{-3} = [OH^-] \longrightarrow pOH = -\log [OH^-] = 2,74$$

De modo que el pH de la disolución es: pH = 11,26

2.6. Sabiendo que el valor de entalpía asociado a la autoionización del agua es $\Delta H°$ = 55,82 kJ/mol y que el valor de K_w a 25 °C es 10^{-14}, utiliza la ecuación de Van't Hoff para deducir el valor de K_w y pK_w a 50 °C. ¿Cuál sería el pH de una disolución neutra a esta temperatura?

Dato: R = 8,314 J mol^{-1} K^{-1}

La reacción de autoprotólisis del agua es:

$2H_2O$ (l) $\leftrightarrows H_3O^+$ (aq) $+ OH^-$ (aq)

La ecuación de Van't Hoff permite relacionar el valor de las constantes de una reacción a diferentes temperaturas mediante la siguiente expresión:

$$\ln\left(\frac{K_1}{K_2}\right) = \frac{-\Delta H°}{R}\left(\frac{1}{T_1} - \frac{1}{T_2}\right)$$

Sabemos que $\Delta H°$ = 55,82 kJ/mol = $55,82 \cdot 10^3$ J/mol y que

$K_{w1} = 10^{-14} \qquad T_1 = 25 °C = 298$ K

$K_{w2} = ? \qquad T_2 = 50 °C = 323$ K

Se procede a sustituir los valores en la ecuación y a resolverla:

$$\ln\left(\frac{10^{-14}}{K_{w2}}\right) = \frac{-55,82 \cdot 10^3}{8,314}\left(\frac{1}{298} - \frac{1}{323}\right) = -1,7438$$

$$\frac{10^{-14}}{K_{w2}} = e^{-1,7438} \longrightarrow K_w \, (50\,°C) = 5,72 \cdot 10^{-14}$$

$$pK_w = -\log K_w \longrightarrow pK_w \, (50\,°C) = 13,24$$

Sabemos que $K_w = [H_3O^+] [OH^-]$, y cuando el pH es neutro, $[H_3O^+]$ = $[OH^-]$.

$$K_w = [H_3O^+]^2 \quad \longrightarrow \quad pK_w = -\log[H_3O^+]^2 = 2 \cdot pH_{neutro}$$

$$pH_{neutro} = \frac{pK_w}{2} \quad \longrightarrow \quad pH_{neutro}\,(50\,°C) = 6{,}62$$

2.7. Calcula el pH de una disolución de ácido fluorhídrico (HF) 1 M que se encuentra a 10 °C. El pK_a del ácido a 25 °C es 3,14, y la entalpía asociada a su disociación (HF + H_2O ⇄ H_3O^+ + F^-) es $\Delta H° = -16$ kJ/mol.

Dato: $R = 8{,}314$ J mol^{-1} K^{-1}

Dado que nos piden calcular el pH a una temperatura diferente, el primer paso es calcular la constante de acidez del HF a 10 °C haciendo uso de la ecuación de Van't Hoff.

$$\ln\left(\frac{K_1}{K_2}\right) = \frac{-\Delta H°}{R}\left(\frac{1}{T_1} - \frac{1}{T_2}\right)$$

Sabemos que $\Delta H° = 16$ kJ/mol $= 16 \cdot 10^3$ J/mol y que

$$K_{a1} = 10^{-3,14} \quad T_1 = 25\,°C = 298\,K$$

$$K_{a2} = ? \qquad\quad T_2 = 10\,°C = 283\,K$$

Se procede a sustituir los valores en la ecuación y a resolverla:

$$\ln\left(\frac{10^{-3,14}}{K_{a2}}\right) = \frac{-16 \cdot 10^3}{8{,}314}\left(\frac{1}{298} - \frac{1}{283}\right) = -0{,}342$$

$$\frac{10^{-3,14}}{K_{a2}} = e^{-0,342} \quad \longrightarrow \quad K_a\,(10\,°C) = 1{,}02 \cdot 10^{-3}$$

Una vez calculada la nueva constante de acidez, se procede al cálculo del pH de forma habitual. El HF es un ácido débil que en disolución acuosa se encuentra parcialmente disociado:

$$HF\,(aq) + H_2O\,(l) ⇄ H_3O^+\,(aq) + F^-\,(aq)$$

[i]	1	–	–	–
[eq]	$1-x$	–	x	x

La expresión de la constante de acidez es:

$$K_a = \frac{[H_3O^+]\,[F^-]}{[HF]} = \frac{x^2}{1-x} = 1,02 \cdot 10^{-3}$$

Para poder despreciar el valor de x del denominador, debemos ver si se cumple que:

$$\frac{c}{K_a} > 100 \quad \longrightarrow \quad \frac{1}{1,02 \cdot 10^{-3}} = 980 > 100$$

Por tanto, la expresión se reduce a:

$$K_a = \frac{x^2}{1} = 1,02 \cdot 10^{-3} \quad \longrightarrow \quad x = 0,032 = [H_3O^+]$$

$$pH = -\log[H_3O^+] \quad \longrightarrow \quad pH = 1,49$$

2.8. Sabiendo que el valor de K_w a 25 °C es 10^{-14} y el valor de entalpía asociado a la autoionización del agua es $\Delta H° = 13,33$ kcal/mol.

a) Calcula el valor de K_w y pK_w a 90 °C.

b) ¿Qué valor tiene a 90 °C la expresión (pH + pOH)?

c) Calcula el pH de una disolución de una base débil 0,02 M (abreviada como B) que se encuentra a 90 °C. El pK_b de la base a esa temperatura es 6,7.

Dato: $R = 1,987$ cal mol^{-1} K^{-1}

---

a) Se procede al cálculo de la nueva constante con la ecuación de Van't Hoff:

$$\ln\left(\frac{K_1}{K_2}\right) = \frac{-\Delta H°}{R}\left(\frac{1}{T_1} - \frac{1}{T_2}\right)$$

Sabemos que $\Delta H° = 13,33$ kcal/mol $= 13,33 \cdot 10^3$ cal/mol y que

$$K_{w1} = 10^{-14} \qquad T_1 = 25\ °C = 298\ K$$

$$K_{w2} = ? \qquad T_2 = 90\ °C = 363\ K$$

Se procede a sustituir los valores en la ecuación y a resolverla:

$$\ln\left(\frac{10^{-14}}{K_{w2}}\right) = \frac{-13,33 \cdot 10^3}{1,987}\left(\frac{1}{298} - \frac{1}{363}\right) = -4,0311$$

$$\frac{10^{-14}}{K_{w2}} = e^{-4,0311} \qquad\longrightarrow\qquad K_w \,(90\,°C) = 5,63 \cdot 10^{-13}$$

$$pK_w = -\log K_w \qquad\longrightarrow\qquad pK_w \,(90\,°C) = 12,25$$

b) Por definición, $pH + pOH = pK_w$. Por tanto, a 90 °C, $pH + pOH = 12,25$.

c) Una base débil en disolución acuosa se encuentra parcialmente disociada:

$$B \,(aq) + H_2O \,(l) \leftrightarrows OH^- \,(aq) + BH^+ \,(aq)$$

[i]   0,02   –   –   –

[eq]   0,02 − x   –   x   x

La expresión de la constante de basicidad según el equilibrio es:

$$K_b = \frac{[OH^-]\,[BH^+]}{[B]} = \frac{x^2}{0,02 - x} = 10^{-6,7} = 2 \cdot 10^{-7}$$

Para poder despreciar el valor de x del denominador, debemos ver si se cumple que:

$$\frac{c}{K_b} > 100 \qquad\longrightarrow\qquad \frac{0,02}{2\cdot 10^{-7}} = 10^5 > 100$$

Por tanto, la expresión se reduce a:

$$K_b = \frac{x^2}{0,02} = 2 \cdot 10^{-7} \qquad\longrightarrow\qquad x = 6,32 \cdot 10^{-5} = [OH^-]$$

Como $pOH = -\log [OH^-]$, se obtiene que $pOH = 4,20$. Y del apartado anterior, se sabe que $pH = 12,25 - pOH$. En definitiva, $pH = 8,05$.

2.9. Un paciente sufre una dermatitis que ocasiona fuertes inflamaciones al contacto con disoluciones de pH iguales o superiores a 10. Calcula la riqueza máxima de NaClO, expresada en % en peso, que puede poseer una lejía comercial para que el paciente pueda utilizarla sin riesgo de inflamaciones.

Datos: K_a (HClO) = $3,8 \cdot 10^{-8}$; M (NaClO) = 74,45 g/mol; suponer que la densidad de la lejía es la misma que la del agua.

El hipoclorito de sodio (NaClO) es una sal que en disolución acuosa se encuentra completamente ionizada:

$$NaClO \ (s) \longrightarrow Na^+ \ (aq) + ClO^- \ (aq)$$

El Na^+ es la especie conjugada de una base fuerte (NaOH) y, por tanto, no tiene carácter ácido y no se hidroliza. Pero el ClO^- es la base conjugada de un ácido débil (HClO) y sí que se hidroliza de acuerdo con el siguiente equilibrio:

$$ClO^- \ (aq) + H_2O \ (l) \leftrightarrows OH^- \ (aq) + HClO \ (aq)$$

[i]	c	–	–	–
[eq]	$c - x$	–	x	x

El valor de la constante de basicidad es:

$$K_b = \frac{K_w}{K_a} = \frac{10^{-14}}{3,8 \cdot 10^{-8}} = 3,33 \cdot 10^{-7}$$

Si pH ≤ 10, pOH ≥ 4. Por tanto, $[OH^-] \leq 10^{-4} = x$. La expresión de la constante de basicidad según el equilibrio es:

$$K_b = \frac{[OH^-] \ [HClO]}{[ClO^-]} = \frac{x^2}{c - x} = \frac{(10^{-4})^2}{c - 10^{-4}} = 3,33 \cdot 10^{-7}$$

Despejando, se obtiene que $c = 0,0301$ M $\approx 0,03$ M. Se calcula el porcentaje máximo:

$$\frac{0,03 \ mol \ ClO^-}{1 \ L \ lejía} \cdot \frac{1 \ mol \ NaClO}{1 \ mol \ ClO^-} \cdot \frac{74,45 \ g \ NaClO}{1 \ mol \ NaClO} \cdot \frac{1 \ L \ lejía}{10^3 \ g \ lejía} \cdot 100 = 0,22 \ \%$$

2.10. Una de las áreas de la Química Aplicada es la identificación de estupefacientes. En un registro de aduana fue intervenido un paquete de 1 kg con una sustancia cuyo análisis reveló que era cocaína ($C_{17}H_{21}O_4N$). El laboratorio de análisis toxicológico disolvió 91 mg de cocaína en 10 mL de agua. El equilibrio de disociación de la cocaína puede representarse según la ecuación:

$$C_{17}H_{21}O_4N + H_2O \leftrightarrows C_{17}H_{22}O_4N^+ + OH^-$$

a) Calcula el pH de la disolución.

b) Calcula la concentración de cocaína y de su forma ácida conjugada en el equilibrio.

c) ¿Cuál es el grado de disociación de la cocaína?

Datos: M (cocaína) = 303,35 g/mol; pK_b (cocaína) = 5,59

a) En primer lugar, se calcula la concentración de cocaína:

$$[C_{17}H_{21}O_4N] = \frac{91 \text{ mg } C_{17}H_{21}O_4N}{10 \text{ mL}} \cdot \frac{1 \text{ mmol } C_{17}H_{21}O_4N}{303,35 \text{ mg } C_{17}H_{21}O_4N} = 0,03 \text{ M}$$

La cocaína es una base débil que en disolución acuosa se encuentra parcialmente disociada:

$$C_{17}H_{21}O_4N \text{ (aq)} + H_2O \text{ (l)} \leftrightarrows OH^- \text{ (aq)} + C_{17}H_{22}O_4N^+ \text{ (aq)}$$

[i]   0,03   –   –   –

[eq]   0,03 − x – x x

La expresión de la constante de basicidad es:

$$K_b = \frac{[OH^-][C_{17}H_{22}O_4N^+]}{[C_{17}H_{21}O_4N]} = \frac{x^2}{0,03 - x} = 10^{-5,59} = 2,57 \cdot 10^{-6}$$

Para poder despreciar el valor de x del denominador, debemos ver si se cumple que:

$$\frac{c}{K_b} > 100 \longrightarrow \frac{0,03}{2,57 \cdot 10^{-6}} = 1,2 \cdot 10^4 > 100$$

Por tanto, la expresión se reduce a:

$$K_b = \frac{x^2}{0,03} = 2,57 \cdot 10^{-6} \longrightarrow x = 2,78 \cdot 10^{-4} = [OH^-]$$

Como $pOH = -\log[OH^-]$, se obtiene que $pOH = 3,56$. Y como $pH = 14 - pOH$, el pH de la disolución de cocaína es: $pH = 10,44$.

b) Del equilibrio se puede obtener que:

$$[C_{17}H_{21}O_4N]_{eq} = 0,03 - x = 0,0297 \text{ M}$$

$$[C_{17}H_{22}O_4N^+]_{eq} = x = 2,78 \cdot 10^{-4} \text{ M}$$

c) El grado de disociación se calcula como:

$$\alpha = \frac{[OH^-]_{eq}}{[C_{17}H_{21}O_4N]_i} \cdot 100 = \frac{2,78 \cdot 10^{-4}}{0,03} \cdot 100 = 0,93 \text{ \%}$$

2.11. El ácido fórmico (abreviado como HA) es un ácido débil ($pK_a = 3,72$) soluble en agua, de olor picante y penetrante. Se evapora más rápido que el agua y sus vapores son letales para los ácaros, por lo que se utiliza como acaricida. Un laboratorio preparó una disolución 0,2 M de ácido fórmico.

a) Calcula el pH de la disolución.

b) Calcula el grado de disociación del ácido.

c) La disolución se dejó destapada algunos días y parte del ácido fórmico se evaporó. Mediante una volumetría ácido-base se determinó que la nueva concentración de protones en la disolución era $[H_3O^+] = 5 \cdot 10^{-3}$ M. ¿Cuál es la nueva concentración de ácido fórmico en la disolución?

d) ¿Qué porcentaje del ácido se ha evaporado?

---

a) En disolución acuosa, HA se encuentra parcialmente disociado:

$$HA \text{ (aq)} + H_2O \text{ (l)} \leftrightarrows H_3O^+ \text{ (aq)} + A^- \text{ (aq)}$$

	HA	H₂O	H₃O⁺	A⁻
[i]	0,2	–	–	–
[eq]	$0,2 - x$	–	x	x

La expresión de la constante de acidez es:

$$K_a = \frac{[H_3O^+][A^-]}{[HA]} = \frac{x^2}{0,2-x} = 10^{-3,72} = 1,91 \cdot 10^{-4}$$

Para poder despreciar el valor de x del denominador, debemos ver si se cumple que:

$$\frac{c}{K_a} > 100 \quad \longrightarrow \quad \frac{0,2}{1,91 \cdot 10^{-4}} = 1050 > 100$$

Por tanto, la expresión se reduce a:

$$K_a = \frac{x^2}{0,2} = 1,91 \cdot 10^{-4} \quad \longrightarrow \quad x = 6,17 \cdot 10^{-3} = [H_3O^+]$$

Como $pH = -\log[H_3O^+]$, se obtiene que $pH = 2,21$.

b) El grado de disociación se calcula como:

$$\alpha = \frac{[H_3O^+]_{eq}}{[HA]_i} \cdot 100 = \frac{6,17 \cdot 10^{-3}}{0,2} \cdot 100 = 3,09\,\%$$

c) Obtenemos la concentración de HA a partir de la expresión de la constante de acidez.

$$K_a = \frac{[H_3O^+][A^-]}{[HA]} = \frac{x^2}{[HA]} \quad \longrightarrow \quad [HA] = \frac{(5 \cdot 10^{-3})^2}{1,91 \cdot 10^{-4}} = 0,13\,M$$

d) Se puede asumir que $[HA]_{eq} \approx [HA]_i$, de modo que el porcentaje de ácido que se ha evaporado es:

$$\frac{0,2 - 0,13}{0,2} \cdot 100 = 35\,\%$$

2.12. El ácido sórbico (abreviado como HSOR, M = 112,13 g/mol) es un ácido débil (K_a = 1,738·10^{-5}) utilizado en la conservación de alimentos por su acción antimicrobiana. Un laboratorio de análisis clínico disolvió 0,2804 gramos de HA en 0,25 L de agua.

a) Calcula el pH de la disolución.

b) Calcula el grado de disociación del ácido.

c) La disolución anterior se dejó destapada algunos días y parte del agua se evaporó (sólo el agua y no el ácido). Se determinó que el pH de la nueva disolución era 3,30, ¿qué porcentaje de agua se ha evaporado?

a) La concentración de ácido sórbico inicial es:

$$[HSOR] = \frac{0,2804 \text{ g HSOR}}{0,25 \text{ L}} \cdot \frac{1 \text{ mol HSOR}}{112,13 \text{ g HSOR}} = 0,01 \text{ M}$$

En disolución acuosa, el ácido sórbico se encuentra parcialmente disociado:

$$HSOR \text{ (aq)} + H_2O \text{ (l)} \leftrightarrows H_3O^+ \text{ (aq)} + SOR^- \text{ (aq)}$$

[i]	0,01	–	–	–
[eq]	0,01 – x	–	x	x

La expresión de la constante de acidez es:

$$K_a = \frac{[H_3O^+][SOR^-]}{[HSOR]} = \frac{x^2}{0,01 - x} = 1,738 \cdot 10^{-5}$$

Para poder despreciar el valor de x del denominador, debemos ver si se cumple que:

$$\frac{c}{K_a} > 100 \longrightarrow \frac{0,01}{1,738 \cdot 10^{-5}} = 575 > 100$$

Por tanto, la expresión se reduce a:

$$K_a = \frac{x^2}{0,01} = 1,738 \cdot 10^{-5} \longrightarrow x = 4,17 \cdot 10^{-4} = [H_3O^+]$$

Como pH = $-\log[H_3O^+]$, se obtiene que pH = 3,38.

b) El grado de disociación se calcula como:

$$\alpha = \frac{[H_3O^+]_{eq}}{[HSOR]_i} \cdot 100 = \frac{4{,}17 \cdot 10^{-4}}{0{,}01} \cdot 100 = 4{,}17\,\%$$

c) Antes de que se evapore el agua ($V_f = ?$) tenemos que el volumen de la disolución es $V_i = 0{,}25$ L. Por otro lado, dado que la cantidad de ácido será constante (no se pierde durante el proceso de evaporación), podemos calcular el número de moles de HSOR.

$$n_{HSOR} = 0{,}2804 \text{ g HSOR} \cdot \frac{1 \text{ mol HSOR}}{112{,}13 \text{ g HSOR}} = 0{,}0025 \text{ moles HSOR}$$

Si el pH de la nueva disolución es 3,30, $[H_3O^+] = 10^{-3{,}30}$. De la expresión de la constante de acidez se puede calcular la nueva concentración de [HSOR].

$$K_a = \frac{[H_3O^+]\,[SOR^-]}{[HSOR]} = \frac{x^2}{[HSOR]} = \frac{(10^{-3{,}30})^2}{[HSOR]} = 1{,}738 \cdot 10^{-5}$$

Si se despeja, se obtiene que [HSOR] = 0,0145 M. Y puesto que $[HSOR]_{eq} \approx [HSOR]_i$ y que la molaridad se define como:

$$M = \frac{n}{V} \quad \longrightarrow \quad V_f = \frac{n_{HSOR}}{[HSOR]} = \frac{0{,}0025}{0{,}0145} = 0{,}17 \text{ L}$$

El porcentaje de agua que se ha evaporado es:

$$\frac{0{,}25 - 0{,}17}{0{,}25} \cdot 100 = 32\,\%$$

2.13. Calcula el pH de una disolución que se preparó mezclando por partes iguales dos disoluciones: amoníaco 0,02 M y ácido clorhídrico 0,01 M.

Dato: pK_a (NH₄⁺) = 9,25

Puesto que el enunciado dice que la disolución resultante se ha preparado a partir de una mezcla equivolumétrica, calculamos las concentraciones iniciales de NH_3 y HCl:

$$[NH_3]_i = \frac{\text{moles NH}_3}{V_{\text{Total}}} = \frac{(0{,}2 \text{ M}) \cdot V}{2V} = 0{,}01 \text{ M}$$

$$[HCl]_i = \frac{\text{moles HCl}}{V_{\text{Total}}} = \frac{(0{,}01 \text{ M}) \cdot V}{2V} = 0{,}005 \text{ M}$$

El NH_3 (base) y el HCl (ácido) reaccionan para formar una sal (NH_4Cl):

$$NH_3 \text{ (aq)} + HCl \text{ (aq)} \longrightarrow NH_4Cl \text{ (aq)} + H_2O \text{ (l)}$$

[i]	0,01	0,005	–	–
[r]	0,005	0,005	–	–
[f]	0,005	–	0,005	–

Donde [r] es la concentración que reacciona de cada especie. La mezcla final ($NH_3 + NH_4Cl$) constituye una disolución reguladora (también llamada disolución amortiguadora, tampón, o «buffer»).

El cloruro de amonio (NH_4Cl) es una sal que en disolución acuosa se encuentra completamente ionizada:

$$NH_4Cl \text{ (aq)} \longrightarrow NH_4^+ \text{ (aq)} + Cl^- \text{ (aq)}$$

El Cl^- es la especie conjugada de un ácido fuerte (HCl) y, por tanto, no tiene carácter básico y no se hidroliza. Pero el NH_4^+ es el ácido conjugado de una base débil (NH_3) y sí que se hidroliza. De acuerdo con la disolución reguladora, se establece el siguiente equilibrio amonio-amoníaco:

$$NH_3 \text{ (aq)} + H_2O \text{ (l)} \leftrightarrows OH^- \text{ (aq)} + NH_4^+ \text{ (aq)}$$

La ecuación de Henderson-Hasselbach permite calcular el pH de una disolución tampón:

$$pH = pK_a + \log \frac{[\text{base}]_i}{[\text{ácido}]_i} = pK_a (NH_4^+) + \log \frac{[NH_3]_i}{[NH_4^+]_i}$$

En este caso, $[NH_3]_i = [NH_4^+]_i = 0{,}005$ M, de modo que la expresión se simplifica a $pH = pK_a (NH_4^+) = 9{,}25$.

2.14. Calcula el pH de una disolución que se preparó mezclando por partes iguales dos disoluciones: ácido acético (CH_3COOH) 0,04 M; y NaOH 0,01 M.

Dato: pK_a (ácido acético) = 4,8

Puesto que el enunciado dice que la disolución resultante se ha preparado a partir de una mezcla equivolumétrica, calculamos las concentraciones iniciales de CH_3COOH y NaOH:

$$[CH_3COOH]_i = \frac{\text{moles } CH_3COOH}{V_{Total}} = \frac{(0,04 \text{ M}) \cdot V}{2V} = 0,02 \text{ M}$$

$$[NaOH]_i = \frac{\text{moles NaOH}}{V_{Total}} = \frac{(0,01 \text{ M}) \cdot V}{2V} = 0,005 \text{ M}$$

El CH_3COOH (ácido) y el NaOH (base) reaccionan para formar una sal (CH_3COONa, acetato sódico):

$$CH_3COOH \text{ (aq)} + NaOH \text{ (aq)} \longrightarrow CH_3COONa \text{ (aq)} + H_2O \text{ (l)}$$

[i]	0,02	0,005	–	–
[r]	0,005	0,005	–	–
[f]	0,015	–	0,005	–

La mezcla final ($CH_3COOH + CH_3COONa$) constituye una disolución tampón ya que se establece un equilibrio entre el ácido acético y el ion acetato. La ecuación de Henderson-Hasselbach permite calcular el pH de una disolución tampón:

$$pH = pK_a + \log\frac{[\text{base}]_i}{[\text{ácido}]_i} = pK_a \text{ } (CH_3COOH) + \log\frac{[CH_3COONa]_i}{[CH_3COOH]_i}$$

$$pH = 4,8 + \log\frac{0,005}{0,015} = 4,3$$

2.15. Calcula el pH de una disolución que contiene ácido acético 1 M, pK_a (CH₃COOH) = 4,8, y acetato de sodio 10^{-4} M.

Para obtener una disolución tampón, es importante que la concentración de un ácido débil y de su base conjugada sean próximas. No obstante, la mezcla de ácido acético y acetato que nos da el problema no puede constituir una disolución tampón, ya que las respectivas concentraciones difieren mucho entre sí (4 órdenes de magnitud). Por ello, no se puede aplicar la ecuación de Henderson-Hasselbach y hay que proceder con el cálculo del pH tratando los equilibrios correspondientes.

El acetato de sodio en una sal que en disolución acuosa se encuentra completamente ionizada:

$$CH_3COONa \ (s) \longrightarrow Na^+ \ (aq) + CH_3COO^- \ (aq)$$

[i]	10^{-4}	–	–
[f]	–	10^{-4}	10^{-4}

Se plantea el equilibrio entre el ácido acético (ácido débil) y el acetato:

$$CH_3COOH \ (aq) + H_2O \ (l) \leftrightarrows H_3O^+ \ (aq) + CH_3COO^- \ (aq)$$

[i]	1	–	–	10^{-4}
[eq]	$1 - x$	–	x	$10^{-4} + x$

La expresión de la constante de acidez es:

$$K_a = \frac{[H_3O^+] \, [CH_3COO^-]}{[CH_3COOH]} = \frac{x \, (10^{-4} + x)}{1 - x} = \frac{x^2 + (10^{-4}) \, x}{1 - x} = 10^{-4,8}$$

La expresión se reduce a la siguiente ecuación de segundo grado:

$$x^2 + (10^{-4}) \, x = 1,58 \cdot 10^{-5} \, (1 - x)$$

$$x^2 + (1,16 \cdot 10^{-4}) \, x - 1,58 \cdot 10^{-5} = 0 \longrightarrow x = 3,92 \cdot 10^{-3}$$

$$pH = -\log [H_3O^+] \longrightarrow pH = 2,41$$

2.16. ¿Qué cantidad de reactivos es necesaria para preparar 0,25 L de una disolución NH_4^+/ NH_3 de concentración total 0,2 M y tamponada a pH 9,0?

Datos: pK_a (NH_4^+) = 9,25; NH_4Cl (pureza = 99,5 %; M = 53,49 g/mol); NH_3 (pureza = 28 %; d = 0,9 g/mL; M = 35,05 g/mol)

El intervalo de regulación es el intervalo de pH en el que una disolución tampón neutraliza eficazmente los ácidos y bases añadidos y mantiene un pH prácticamente constante. Este intervalo suele ser: pH = $pK_a \pm 1$.

Calculamos el intervalo de regulación para esta disolución tampón y se comprueba que el pH que pide el problema (9,0) está dentro:

$$pH = 9,25 \pm 1 \longrightarrow 8,25 \leq pH \leq 10,25$$

Por un lado, se utiliza la ecuación de Henderson-Hasselbach:

$$pH = pK_a + \log\frac{[\text{base}]_i}{[\text{ácido}]_i} = pK_a (NH_4^+) + \log\frac{[NH_3]_i}{[NH_4^+]_i}$$

$$9,0 = 9,25 + \log\frac{[NH_3]_i}{[NH_4^+]_i} \longrightarrow \frac{[NH_3]_i}{[NH_4^+]_i} = 10^{-0,25}$$

Con ello, se puede plantear y resolver el siguiente sistema de ecuaciones:

$$\begin{cases} [NH_3]_i = 0,56\,[NH_4^+]_i \\ [NH_3]_i + [NH_4^+]_i = 0,2 \end{cases} \longrightarrow \begin{matrix} [NH_3]_i = 0,072\text{ M} \\ [NH_4^+]_i = 0,128\text{ M} \end{matrix}$$

A partir de los datos del enunciado, se calculan las cantidades necesarias de cada reactivo:

$$0,25\text{ L dis} \cdot \frac{0,072\text{ mol }NH_3}{1\text{L dis}} \cdot \frac{35,05\text{ g }NH_3}{1\text{ mol }NH_3} \cdot \frac{100\text{ g }NH_3\text{com.}}{28\text{ g }NH_3} \cdot \frac{1\text{ mL }NH_3\text{com.}}{0,9\text{ g }NH_3\text{com.}}$$

= 2,5 mL de NH_3 comercial

$$0,25\text{ L dis} \cdot \frac{0,128\text{ mol }NH_4Cl}{1\text{L dis}} \cdot \frac{53,49\text{ g }NH_4Cl}{1\text{ mol }NH_4Cl} \cdot \frac{100\text{ g }NH_4Cl\text{ com.}}{99,5\text{ g }NH_4Cl} =$$

= 1,72 g de NH_4Cl comercial

2.17. Las siguientes gráficas representan curvas de valoración ácido-base. Si se dispone del conjunto de indicadores que se muestra en la tabla adjunta, justifica qué indicador es más adecuado para utilizar en cada valoración y el cambio de color que se observa.

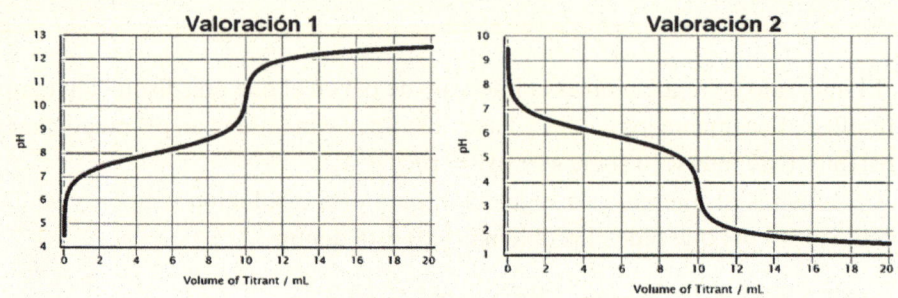

Indicador	Forma ácida	Forma básica	pH viraje
Naranja de metilo	Rojo	Amarillo	3,1–4,4
Rojo de metilo	Rojo	Amarillo	4,4–6,5
Rojo neutro	Azul rojizo	Naranja	6,4–8,8
Timolftaleína	Incoloro	Azul	9,4–10,6

Para escoger el indicador adecuado, hemos de fijarnos con qué pH se corresponde el punto de equivalencia (señalado con un punto rojo en la figura). Para saber qué cambio de color se observa, hay que tener en cuenta el pH antes y después del punto final. Con estas consideraciones, se concluye que en la Valoración 1 hay que utilizar timolftaleína (viraje de incoloro a azul) y en la Valoración 2, naranja de metilo (viraje de amarillo a rojo).

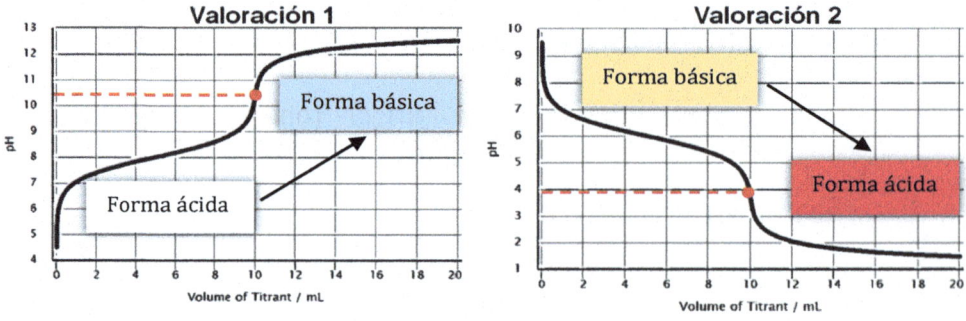

2.18. En un laboratorio se lleva a cabo la valoración de 10 mL de HNO_3 0,2 M con KOH 0,1 M. Calcula el pH en los siguientes puntos:

a) pH inicial (10 mL de HNO_3 0,2 M)

b) Después de añadir 10 mL de KOH

c) Después de añadir 20 mL de KOH

d) Después de añadir 25 mL de KOH

En la valoración, el HNO_3 (ácido fuerte) reacciona con el KOH (base fuerte) según la siguiente ecuación:

$$HNO_3 \text{ (aq)} + KOH \text{ (aq)} \longrightarrow KNO_3 \text{ (aq)} + H_2O \text{ (l)}$$

En primer lugar, calculamos el volumen de KOH necesario para llegar al punto de equivalencia, donde se cumplirá que «mmol base = mmol ácido».

$$c_{base} \cdot V_{base} = c_{ácido} \cdot V_{ácido}$$

$$V_{base} = \frac{c_{ácido} \cdot V_{ácido}}{c_{base}} = \frac{10 \cdot 0,2}{0,1} = 20 \text{ mL KOH}$$

a) *Inicial:* cálculo del pH de un ácido fuerte

$$HNO_3 \text{ (aq)} + H_2O \text{ (l)} \leftrightarrows H_3O^+ \text{ (aq)} + NO_3^{\,-} \text{ (aq)}$$

[i]	0,2	–	–	–
[f]	–	–	0,2	0,2

Como pH $= -\log [H_3O^+] = -\log (0,2)$, pH $= 0,70$.

b) *Después de 10 mL KOH:* cálculo del pH de un ácido fuerte (*exceso de ácido*)

Considerando los nuevos volúmenes, se calculan las concentraciones iniciales de ácido y base. $V_{Total} = 10 + 10 = 20$ mL

$$[HNO_3]_i = \frac{10 \text{ mL} \cdot 0,2 \text{ M}}{20 \text{ mL}} = 0,1 \text{ M}$$

$$[KOH]_i = \frac{10 \text{ mL} \cdot 0,1 \text{ M}}{20 \text{ mL}} = 0,05 \text{ M}$$

$$HNO_3 \text{ (aq)} + KOH \text{ (aq)} \longrightarrow KNO_3 \text{ (aq)} + H_2O \text{ (l)}$$

[i]	0,1	0,05	–	–
[f]	0,05	–	0,05	–

El KNO_3 es una sal procedente de ácido y base fuertes. Por tanto, no tiene carácter ácido-base en disolución. Tal y como se observa, hay un exceso de HNO_3. El pH se calcula siguiendo el procedimiento del apartado *a)*.

$$[HNO_3]_f = [H_3O^+] = 0,05 \text{ M} \longrightarrow pH = -\log(0,05), pH = 1,30$$

c) *Después de 20 mL KOH:* punto de equivalencia

En el punto de equivalencia, mmol base = mmol ácido, es decir, en el medio no hay exceso ni de ácido ni de base, sólo encontramos la sal formada. Por tratarse de una valoración de ácido fuerte con base fuerte (la sal resultante no tiene carácter ácido-base, KNO_3), el pH resultante es neutro. pH = 7,00

d) *Después de 25 mL KOH:* cálculo del pH de una base fuerte *(exceso de base)*

Considerando los nuevos volúmenes, se calculan las concentraciones iniciales de ácido y base. $V_{Total} = 10 + 25 = 35 \text{ mL}$

$$[HNO_3]_i = \frac{10 \text{ mL} \cdot 0,2 \text{ M}}{35 \text{ mL}} = 0,057 \text{ M}$$

$$[KOH]_i = \frac{25 \text{ mL} \cdot 0,1 \text{ M}}{35 \text{ mL}} = 0,071 \text{ M}$$

$$HNO_3 \text{ (aq)} + KOH \text{ (aq)} \longrightarrow KNO_3 \text{ (aq)} + H_2O \text{ (l)}$$

[i]	0,057	0,071	–	–
[f]	–	0,014	0,057	–

El KNO_3 es una sal procedente de ácido y base fuertes. Por tanto, no tiene carácter ácido-base en disolución. Tal y como se observa, hay un exceso de HNO_3. El pH se calcula siguiendo la misma dinámica que para una base fuerte. $[KOH]_f = [OH^-] = 0,014 \text{ M}$. Como $pOH = -\log[OH^-]$, se obtiene que $pOH = 1,85$. Y como $pH = 14 - pOH$, el pH de la disolución es: pH = 12,15.

2.19. A principios de junio se celebra en la localidad orensana de Cenlle la exaltación de su vino tinto. Carlos, vecino de esta localidad, pretende comercializar un vinagre a partir de este vino. En la elaboración del vinagre se produce ácido acético como producto de la fermentación acética del vino por acción de bacterias que combinan el alcohol del vino y el oxígeno del ambiente para producir ácido acético y agua. El Real Decreto 661/2012, de 13 de abril, por el que se establece la norma de calidad para la elaboración y comercialización de los vinagres de vino establece un mínimo de acidez, expresada en gramos de acético por litro de vinagre (mínimo 60 g/L).

a) Carlos ha pedido determinar si su vinagre está dentro de esta norma. Para ello, un laboratorio diluye 4,5 mL de vinagre en 20 mL de agua destilada y se valora con NaOH 0,25 M, gastándose 24 mL de dicha disolución. ¿Podrá comercializarlo?

b) Calcula el pH del vinagre analizado.

Datos: M (CH_3COOH) = 60,0 g/mol; pK_a (CH_3COOH) = 4,8

(Adaptado de la Olimpiada Química de Galicia 2015)

a) En la valoración del vinagre, el ácido acético (CH_3COOH, ácido débil) reacciona con el NaOH (base fuerte) según la siguiente ecuación:

$$CH_3COOH \ (aq) + NaOH \ (aq) \longrightarrow CH_3COONa \ (aq) + H_2O \ (l)$$

Se calcula la cantidad de ácido acético que contiene el vinagre:

$$24 \text{ mL NaOH} \cdot \frac{0{,}25 \text{ mmol NaOH}}{1 \text{ mL NaOH}} \cdot \frac{1 \text{ mmol } CH_3COOH}{1 \text{ mmol NaOH}} = 6{,}0 \text{ mmol } CH_3COOH$$

$$6{,}0 \text{ mmol } CH_3COOH \cdot \frac{60{,}0 \text{ mg } CH_3COOH}{1 \text{ mmol } CH_3COOH} \cdot \frac{1 \text{ g}}{10^3 \text{ mg}} = 0{,}36 \text{ g } CH_3COOH$$

$$\frac{0{,}36 \text{ g } CH_3COOH}{4{,}5 \text{ mL vinagre}} \cdot \frac{10^3 \text{ mL}}{1 \text{ L}} = 80 \text{ g/L}$$

El vinagre cumple con la normativa y puede comercializarse.

b) Con los datos del apartado anterior, se calcula $[CH_3COOH]_i$

$$[CH_3COOH]_i = \frac{6{,}0 \text{ mmol } CH_3COOH}{4{,}5 \text{ mL vinagre}} = 1{,}33 \text{ M}$$

En disolución acuosa, el ácido acético se encuentra parcialmente disociado:

$$CH_3COOH \text{ (aq)} + H_2O \text{ (l)} \leftrightarrows H_3O^+ \text{ (aq)} + CH_3COO^- \text{ (aq)}$$

[i]	1,33	–	–	–
[eq]	$1,33 - x$	–	x	x

La expresión de la constante de acidez es:

$$K_a = \frac{[H_3O^+]\,[CH_3COO^-]}{[CH_3COOH]} = \frac{x^2}{1,33 - x} = 10^{-4,8} = 1,58 \cdot 10^{-5}$$

Para poder despreciar el valor de x del denominador, debemos ver si se cumple que:

$$\frac{c}{K_a} > 100 \quad \longrightarrow \quad \frac{1,33}{1,58 \cdot 10^{-5}} = 6,3 \cdot 10^4 > 100$$

Por tanto, la expresión se reduce a:

$$K_a = \frac{x^2}{1,33} = 1,58 \cdot 10^{-5} \quad \longrightarrow \quad x = 4,59 \cdot 10^{-3} = [H_3O^+]$$

Como $pH = -\log [H_3O^+]$, se obtiene que pH = 2,34.

2.20. La aspirina, ácido acetilsalicílico, $C_9H_8O_4$, es un ácido monoprótico débil (abreviado como HAsp, $K_a = 3{,}2 \cdot 10^{-4}$; $M = 180{,}0$ g/mol). Es un antiinflamatorio no esteroideo y un fármaco ampliamente utilizado en la actualidad.

a) Calcula la pureza de una aspirina comercial si se disuelven 175 mg de pastilla en 50 mL de agua y la disolución resultante se valora con NaOH 0,05 M, consumiendo en la valoración 18,4 mL.

b) Para detectar el punto de equivalencia en la valoración disponemos del conjunto de indicadores que se muestran en la tabla adjunta. Propón el indicador más adecuado para usar en esa valoración y el cambio de color que se observaría.

Indicador	Forma ácida	Forma básica	pH viraje
Naranja de metilo	Rojo	Amarillo	3,1–4,4
Rojo de metilo	Rojo	Amarillo	4,4–6,5
Rojo neutro	Azul rojizo	Naranja	6,4–8,8
Timolftaleína	Incoloro	Azul	9,4–10,6

a) En la valoración, la aspirina (ácido débil) reacciona con el NaOH (base fuerte) según la siguiente ecuación:

HAsp (aq) + NaOH (aq) $\longrightarrow$ NaAsp (aq) + H_2O (l)

Se calcula la cantidad de aspirina que contiene la pastilla:

$$18{,}4 \text{ mL NaOH} \cdot \frac{0{,}05 \text{ mmol NaOH}}{1 \text{ mL NaOH}} \cdot \frac{1 \text{ mmol HAsp}}{1 \text{ mmol NaOH}} \cdot \frac{180{,}0 \text{ mg HAsp}}{1 \text{ mmol HAsp}} =$$

$$= 165{,}6 \text{ mg HAsp}$$

$$\frac{165{,}6 \text{ mg HAsp}}{175 \text{ mg pastilla}} \cdot 100 = 94{,}6 \text{ \%}$$

b) En el punto de equivalencia, toda la aspirina ha reaccionado estequiométricamente con el NaOH y, por tanto, únicamente tenemos NaAsp. Se calcula $[NaAsp]_i$, considerando para ello que los volúmenes son aditivos:

$$18,4 \text{ mL NaOH} \cdot \frac{0,05 \text{ mmol NaOH}}{1 \text{ mL NaOH}} \cdot \frac{1 \text{ mmol NaAsp}}{1 \text{ mmol NaOH}} = 0,92 \text{ mmol NaAsp}$$

$$V_{\text{Total}} = 18,4 + 50 = 68,4 \text{ mL}$$

$$[\text{NaAsp}]_i = \frac{0,92 \text{ mmol NaAsp}}{68,4 \text{ mL}} = 0,013 \text{ M}$$

El Na^+ es la especie conjugada de una base fuerte (NaOH) y, por tanto, no tiene carácter ácido y no se hidroliza. Pero el Asp^- es la base conjugada de un ácido débil (HAsp) y sí que se hidroliza de acuerdo con el siguiente equilibrio:

$$Asp^- \text{ (aq)} + H_2O \text{ (l)} \leftrightarrows OH^- \text{ (aq)} + HAsp \text{ (aq)}$$

[i]   0,013   –   –   –

[eq]   0,013 − x – x x

El valor de la constante de basicidad es:

$$K_b = \frac{K_w}{K_a} = \frac{10^{-14}}{3,2 \cdot 10^{-4}} = 3,13 \cdot 10^{-11}$$

La expresión de la constante de basicidad es:

$$K_b = \frac{[OH^-][HAsp]}{[Asp^-]} = \frac{x^2}{0,013 - x} = 3,13 \cdot 10^{-11}$$

Para poder despreciar el valor de x del denominador, debemos ver si se cumple que:

$$\frac{c}{K_b} > 100 \longrightarrow \frac{0,013}{3,13 \cdot 10^{-11}} = 4,2 \cdot 10^8 > 100$$

Por tanto, la expresión se reduce a:

$$K_b = \frac{x^2}{0,013} = 3,13 \cdot 10^{-11} \longrightarrow x = 6,38 \cdot 10^{-7} = [OH^-]$$

Como $pOH = -\log[OH^-]$, se obtiene que $pOH = 6,20$. Y como $pH = 14 - pOH$, el pH en el punto de equivalencia es: $pH = 7,80$. En consecuencia, se utilizaría como indicador rojo neutro, ya que el valor de pH está dentro de su intervalo de viraje. El cambio de color que se observaría es de azul rojizo a naranja.

CAPÍTULO III

Equilibrios de formación
de complejos

CONCEPTOS TEÓRICOS

La formación de un complejo AB tiene lugar cuando un ion metálico con carácter ácido de Lewis A (con un orbital vacío) acepta un par de electrones de una base de Lewis B (que los cede) para formar un enlace de coordinación. En este contexto, un *ácido de Lewis* es una especie química que puede aceptar un par de electrones, mientras que una *base de Lewis* es aquella que puede donar un par de electrones. Así, para el caso particular de *complejos metálicos de coordinación*, el metal actúa como ácido de Lewis al aceptar los electrones, mientras que la especie que dona los electrones funciona como la base de Lewis, tal y como muestra la siguiente ecuación o equilibrio químico:

$$A \text{ (aq)} + B\text{: (aq)} \leftrightarrows A\text{:}B \text{ (aq)}$$

$$K_f = \beta = \frac{[AB]}{[A]\,[B]}$$

El ácido de Lewis suele ser un ion metálico y la base de Lewis un ligando inorgánico u orgánico mono-, bi-, tri-, tetra-, penta-, hexa- o, en general, polidentado dependiendo del número de átomos que ceden electrones al metal. Por ejemplo, el equilibrio de formación del complejo ML a partir del catión metálico M (sea cual fuere su carga) y el ligando L se expresaría según el siguiente equilibrio, con una constante K_f:

$$M\ (aq) + L\ (aq) \leftrightharpoons ML\ (aq) \quad \longrightarrow \quad K_f = \beta = \frac{[ML]}{[M]\,[L]}$$

Además, puede que el ligando se coordine al metal múltiples veces, según los siguientes equilibrios de formación de complejos:

$$M\ (aq) + L\ (aq) \leftrightharpoons ML\ (aq) \quad \longrightarrow \quad \beta_1 = K_1 = \frac{[ML]}{[M]\,[L]}$$

$$ML\ (aq) + L\ (aq) \leftrightharpoons ML_2\ (aq) \quad \longrightarrow \quad \beta_2 = K_1\,K_2 = \frac{[ML_2]}{[M]\,[L]}$$

$$\vdots \qquad \vdots \qquad \vdots$$

$$ML_{n-1}\ (aq) + L\ (aq) \leftrightharpoons ML_n\ (aq) \quad \longrightarrow \quad \beta_n = K_1\,K_2\,(...)\,K_n = \frac{[ML_n]}{[M]\,[L]}$$

RESOLUCIÓN DE PROBLEMAS

3.1. Contesta las siguientes cuestiones.

a) ¿Cuál es la diferencia entre ligandos monodentados y polidentados?

b) ¿Cuántos centros dadores tiene el EDTA? ¿Qué especie química del EDTA suele utilizarse en el laboratorio y por qué?

a) Los ligandos monodentados sólo tienen un átomo dador y sólo pueden formar un enlace con el átomo central, mientras que los polidentados tienen varios átomos dadores y pueden formar más de un enlace con el átomo central.

b) El EDTA (ácido etilendiaminotetraacético, de fórmula molecular $C_{10}H_{16}N_2O_8$, abreviado como H_4Y) tiene 6 centros dadores que se corresponden con los 4 grupos acetato y los 2 nitrógenos (véase en la figura). En el laboratorio es común utilizar la sal disódica dihidrato, $Na_2H_2Y \cdot 2H_2O$, porque es mucho más soluble que la especie ácida H_4Y.

3.2. Considerando el equilibrio de formación de un complejo de estequiometría 1:1 ($M + L \leftrightarrows ML$), deduce matemáticamente a partir de los balances de masa del metal (C_M) y del ligando (C_L) la ecuación de segundo grado que permite calcular [L]. Indica todos los pasos.

Sabemos que para el equilibrio de formación de complejos:

M (aq) $+ L$ (aq) $\leftrightarrows ML$ (aq)

la constante de equilibrio se expresa en función de las concentraciones de todas las especies presentes en el equilibrio:

$$\beta = \frac{[ML]}{[M][L]}$$

Expresando, por un lado, la concentración de metal (C_M) en función del metal libre [M] y el complejado [ML]; y por otro lado la concentración de ligando (C_L) en función del que se encuentra libre [L] y el complejado [ML], tenemos los siguientes balances de masas para el metal (M) y el ligando (L):

i) $C_M = $ [M] + [ML]

ii) $C_L = $ [L] + [ML]

De forma general, se puede expresar la concentración de ligando libre (no complejado) en función de la constante de formación y de las concentraciones totales de metal y ligando. Para ello, en primer lugar, se ha de despejar la concentración del complejo [ML] de la constante de equilibrio:

$$\beta = \frac{[ML]}{[M]\,[L]} \quad \longrightarrow \quad [ML] = \beta\,[M]\,[L]$$

Sustituyendo en el balance de masas del metal *i*) y del ligando *ii*),

$$C_M = [M] + \beta\,[M]\,[L] = [M]\,(1 + \beta\,[L]) \quad \longrightarrow \quad [M] = \frac{C_M}{1 + \beta\,[L]}$$

Sustituyendo en la concentración de ligando:

$$C_L = [L] + \beta\,[M]\,[L] = [L] + \beta\,[L]\,\frac{C_M}{1 + \beta\,[L]}$$

$$C_L = \frac{[L]\,(1 + \beta\,[L]) + \beta\,[L]\,C_M}{1 + \beta\,[L]} = \frac{[L] + \beta\,[L]^2 + \beta\,[L]\,C_M}{1 + \beta\,[L]}$$

Despejando y operando, queda:

$$C_L\,(1 + \beta\,[L]) = C_L + C_L\,\beta\,[L] = [L] + \beta\,[L]^2 + \beta\,[L]\,C_M$$

Dividiendo ambos lados por β y operando:

$$\frac{C_L + C_L\,\beta\,[L]}{\beta} = \frac{[L] + \beta\,[L]^2 + \beta\,[L]\,C_M}{\beta}$$

$$\frac{C_L}{\beta} + C_L\,[L] = \frac{[L]}{\beta} + [L]^2 + [L]\,C_M$$

Reorganizando y sacando factor común, se llega a la siguiente ecuación de segundo grado:

$$[L]^2 + [L] \, C_M - C_L \, [L] + \frac{[L]}{\beta} - \frac{C_L}{\beta} = 0$$

$$\boxed{[L]^2 + [L] \left(C_M - C_L + \frac{1}{\beta} \right) - \frac{C_L}{\beta} = 0}$$

3.3. Calcula la concentración de todas las especies químicas presentes en el equilibrio de una disolución $5 \cdot 10^{-3}$ M de $AlCl_3$ y 10^{-2} M en ácido salicílico (abreviado como S), que dan lugar a la formación de un complejo (Al-S) con una constante $\log \beta = 14$.

El equilibrio correspondiente a la formación del complejo ML es:

$$Al^{3+} \, (aq) + S \, (aq) \leftrightarrows Al\text{-}S \, (aq)$$

[i] $5 \cdot 10^{-3}$ 10^{-2} –

[eq] ≈ 0 $5 \cdot 10^{-3}$ $5 \cdot 10^{-3}$

Por consiguiente, $[S] = [Al\text{-}S] = 5 \cdot 10^{-3}$ M

La expresión de la constante formación del complejo es:

$$K_f = \beta = \frac{[Al\text{-}S]}{[Al^{3+}] \, [S]}$$

Donde $\log \beta = 14$; $\beta = K_f = 10^{14}$, por lo que, sustituyendo:

$$10^{14} = \frac{5 \cdot 10^{-3}}{[Al^{3+}] \, (5 \cdot 10^{-3})}$$

Calculamos la concentración de metal en el equilibrio (al final de la reacción):

$$[Al^{3+}] = \frac{1}{10^{14}} = 10^{-14} \text{ M} \approx 0 \text{ M}$$

A continuación, se presenta una forma alternativa de resolución del problema. Por un lado, se expresa la concentración de metal (C_M) en función del aluminio iónico libre $[Al^{3+}]$ y el complejado $[Al\text{-}S]$; y por otro, la concentración de ligando (C_L) en función del que se encuentra libre $[S]$ y el complejado $[Al\text{-}S]$, esto es:

i) $C_M = [Al^{3+}] + [Al\text{-}S] = 5 \cdot 10^{-3}$ M

ii) $C_L = [S] + [Al\text{-}S] = 10^{-2}$ M

De forma general, se puede expresar la concentración de ligando libre (no complejado) en función de la constante de formación y de las concentraciones totales de metal y ligando. Para ello, en primer lugar, se ha de despejar la concentración del complejo [Al-S] de la constante de equilibrio:

$$\beta = \frac{[Al\text{-}S]}{[Al^{3+}]\,[S]} \quad \longrightarrow \quad [Al\text{-}S] = \beta\,[Al^{3+}]\,[S]$$

Sustituyendo en el balance de masas del metal *i)* y del ligando *ii)*,

$$C_M = [Al^{3+}] + \beta\,[Al^{3+}]\,[S] = [Al^{3+}]\,(1 + \beta\,[S])$$

$$[Al^{3+}] = \frac{C_M}{1 + \beta\,[S]}$$

Sustituyendo en la concentración de ligando:

$$C_L = [S] + \beta\,[Al^{3+}]\,[S] = [S] + \beta\,[S]\,\frac{C_M}{1 + \beta\,[S]}$$

Operando se llega a la siguiente ecuación de segundo grado:

$$[S]^2 + [S]\left(C_M - C_L + \frac{1}{\beta}\right) - \frac{C_L}{\beta} = 0$$

$$[S]^2 + [S]\left(5 \cdot 10^{-3} - 10^{-2} + \frac{1}{10^{14}}\right) - \frac{10^{-2}}{10^{14}} = 0$$

$$[S]^2 - (5 \cdot 10^{-3})[S] - 10^{-16} = 0 \quad \longrightarrow \quad [S] = 5 \cdot 10^{-3} \text{ M}$$

Del balance de masas del ligando, $C_L = [S] + [Al\text{-}S] = 10^{-2}$ M, se puede despejar la concentración de ligando complejado:

$$10^{-2} = 5 \cdot 10^{-3} + [Al\text{-}S] \quad \longrightarrow \quad [Al\text{-}S] = 5 \cdot 10^{-3} \text{ M}$$

Finalmente, despejamos la concentración de metal libre a partir de la ecuación de la constante de formación:

$$10^{14} = \frac{5 \cdot 10^{-3}}{[Al^{3+}]\,(5 \cdot 10^{-3})} \quad \longrightarrow \quad [Al^{3+}] = 10^{-14} \text{ M} \approx 0 \text{ M}$$

La concentración de aluminio libre es prácticamente cero y se puede afirmar que todo el metal se encuentra complejado (debido a la elevada constante de formación del complejo).

3.4. Calcula la concentración de todas las especies químicas presentes en el equilibrio de una disolución 10^{-3} M de CuNO$_3$ (M) y 10^{-2} M de amoniaco (abreviado como A) que dan lugar a la formación de un complejo con una constante $\log \beta = 5{,}9$.

El equilibrio correspondiente a la formación del complejo ML es:

$$Cu^+ \text{ (aq)} + A \text{ (aq)} \leftrightarrows Cu\text{-}A \text{ (aq)}$$

[i] 10^{-3} 10^{-2} –

[eq] ≈ 0 $9 \cdot 10^{-3}$ 10^{-3}

Por consiguiente, $[A] = 9 \cdot 10^{-3}$ M y $[Cu\text{-}A] = 10^{-3}$ M. La expresión de la constante formación del complejo es:

$$K_f = \beta = \frac{[Cu\text{-}A]}{[Cu^+]\,[A]}$$

Donde $\log \beta = 5{,}9$; $\beta = K_f = 10^{5,9}$, por lo que, sustituyendo:

$$10^{5,9} = \frac{10^{-3}}{[Cu^+]\,(9 \cdot 10^{-3})}$$

Calculamos la concentración de metal en el equilibrio (al final de la reacción):

$$[Cu^+] = \frac{1}{9 \cdot 10^{5,9}} = 1{,}4 \cdot 10^{-7} \text{ M} \approx 0 \text{ M}$$

A continuación, se presenta una forma alternativa de resolución del problema. Por un lado, se expresa la concentración de metal (C_M) en función del cobre iónico libre $[Cu^+]$ y el complejado $[Cu\text{-}A]$; y por otro lado la concentración de ligando (C_L) en función del que se encuentra libre $[A]$ y el complejado $[Cu\text{-}A]$, esto es:

i) $C_M = [Cu^+] + [Cu\text{-}A] = 10^{-3}$ M

ii) $C_L = [A] + [Cu\text{-}A] = 10^{-2}$ M

De forma general, se puede expresar la concentración de ligando libre (no complejado) en función de la constante de formación y de las concentraciones totales de metal y ligando:

$$[A]^2 + [A]\left(C_M - C_L + \frac{1}{\beta}\right) - \frac{C_L}{\beta} = 0$$

$$[A]^2 + [A]\left(10^{-3} - 10^{-2} + \frac{1}{10^{5,9}}\right) - \frac{10^{-2}}{10^{5,9}} = 0$$

$$[A]^2 - (9 \cdot 10^{-3})[A] - 1{,}26 \cdot 10^{-8} = 0 \quad \longrightarrow \quad [A] = 9 \cdot 10^{-3} \text{ M}$$

Del balance de masas del ligando, $C_L = [A] + [Cu\text{-}A] = 10^{-2}$ M, se puede despejar la concentración de ligando complejado:

$$10^{-2} = 9 \cdot 10^{-3} + [Cu\text{-}A] \quad \longrightarrow \quad [Cu\text{-}A] = 10^{-3} \text{ M}$$

Finalmente, despejamos la concentración de metal libre a partir de la ecuación de la constante de formación:

$$10^{5,9} = \frac{10^{-3}}{[Cu^+] \, (9 \cdot 10^{-3})} \quad \longrightarrow \quad [Cu^+] = 1{,}4 \cdot 10^{-7} \text{ M} \approx 0 \text{ M}$$

La concentración de cobre libre es prácticamente cero y se puede afirmar que todo el metal se encuentra complejado (debido a la elevada constante de formación del complejo).

3.5. Calcula la concentración analítica de ligando (L) que ha de encontrarse en una disolución 0,01 M de metal (M) para que el 95 % de este ion se encuentre complejado (ML), $\beta = 10^{1,7}$.

El equilibrio correspondiente a la formación del complejo ML es:

$$M \text{ (aq)} + L \text{ (aq)} \leftrightarrows ML \text{ (aq)}$$

[i] $\qquad 10^{-2} \qquad [L]_i \qquad -$

[eq] $\quad 0{,}05 \cdot 10^{-2} \quad [L]_{eq} \quad 0{,}95 \cdot 10^{-2}$

Por consiguiente, $[M] = 5 \cdot 10^{-4}$ M y $[ML] = 9{,}5 \cdot 10^{-3}$ M.

La expresión de la constante formación del complejo es:

$$K_f = \beta = \frac{[ML]}{[M]\,[L]} = 10^{1,7}$$

Sustituyendo, calculamos la concentración de ligando en el equilibrio:

$$10^{1,7} = \frac{9,5 \cdot 10^{-3}}{(5 \cdot 10^{-4})\,[L]_{eq}} \quad \longrightarrow \quad [L]_{eq} = \frac{95}{5 \cdot 10^{1,7}} = 0,38 \text{ M}$$

La concentración inicial de ligando es:

$$[L]_i = C_L = [L]_{eq} + [ML]_{eq} = 0,38 + 0,0095 = 0,3895 \text{ M} \approx 0,39 \text{ M}$$

3.6. Calcula la concentración de hidracina (abreviada como L) que ha de encontrarse en una disolución $5 \cdot 10^{-3}$ M de Zn^{2+} para que el 85 % de este ion se encuentre complejado, $\log \beta = 2,4$.

El equilibrio correspondiente a la formación del complejo ML es:

$$Zn^{2+} \text{ (aq)} + L \text{ (aq)} \leftrightarrows Zn\text{-}L \text{ (aq)}$$

Siendo la expresión de la constante formación del complejo:

$$K_f = \beta = \frac{[Zn\text{-}L]}{[Zn]\,[L]}$$

Expresando, por un lado, la concentración de metal (C_M) en función del zinc iónico libre $[Zn^{2+}]$ y el complejado $[Zn\text{-}L]$; y por otro lado la concentración de ligando (C_L) en función del que se encuentra libre $[L]$ y el complejado $[Zn\text{-}L]$, se puede plantear:

i) $C_M = [Zn^{2+}] + [Zn\text{-}L] = 5 \cdot 10^{-3}$ M

ii) $C_L = [L] + [Zn\text{-}L] = ?$

Si el 85 % del zinc esta complejado se cumplirá:

$$\frac{[Zn\text{-}L]}{C_M} = 0,85$$

$$[Zn\text{-}L] = 0,85\, C_M = 0,85 \cdot (5 \cdot 10^{-3}) = 4,25 \cdot 10^{-3} \text{ M}$$

Sustituyendo en el balance de masas del metal:

$$[Zn^{2+}] + 4,25 \cdot 10^{-3} = 5 \cdot 10^{-3} \text{ M}$$

Finalmente despejamos la concentración de ligando libre sustituyendo los valores de metal no complejado y complejo en la ecuación de la constante de formación:

$$10^{-2,4} = \frac{4,25 \cdot 10^{-3}}{(5 \cdot 10^{-3})\,[L]} \longrightarrow [L] = \frac{4,25 \cdot 10^{-3}}{(5 \cdot 10^{-3}) \cdot 10^{-2,4}} = 0,023 \text{ M}$$

Con lo que la concentración de hidracina total será:

$$C_L = [L] + [Zn\text{-}L] = 0,023 + 4,25 \cdot 10^{-3} = 0,027 \text{ M}$$

3.7. Contesta las siguientes cuestiones.

a) ¿Qué cantidad de $Na_2H_2Y \cdot 2H_2O$ (riqueza 98 %) hace falta pesar para preparar 1 litro de disolución 0,1 M de EDTA?

b) Para estandarizar esta disolución se pesan 0,1299 g de zinc metálico, se disuelven en sulfúrico, se neutralizan con amoníaco y se valora con la disolución de antes, consumiéndose 18,5 mL. Calcula la concentración exacta de la disolución de EDTA.

Datos: M $(Na_2H_2Y \cdot 2H_2O)$ = 372,2 g/mol; M (Zn) = 65,4 g/mol

---

a) Para poder preparar la disolución de EDTA (H_4Y) lo primero es saber cuánto hemos de pesar de la sal comercial $Na_2H_2Y \cdot 2H_2O$ para tener 0,1 mol en 1 L de agua (concentración 0,1 M):

$$0,1 \text{ mol } H_4Y \cdot \frac{1 \text{ mol } Na_2H_2Y \cdot 2H_2O}{1 \text{ mol } H_4Y} \cdot \frac{372,2 \text{ g } Na_2H_2Y \cdot 2H_2O}{1 \text{ mol } Na_2H_2Y \cdot 2H_2OY} \cdot \frac{100}{98} =$$

$$= 38,00 \text{ g } Na_2H_2Y \cdot 2H_2O$$

Por tanto, habrá que pesar 38,00 g de $Na_2H_2Y \cdot 2H_2O$, disolverlos en una pequeña cantidad de agua (< 1 L), añadirlo a un matraz aforado de 1 L y añadir agua hasta la marca (enrasar).

b) La reacción que tiene lugar cuando se disuelve el zinc metálico en ácido sulfúrico es la siguiente:

$$Zn\,(s) + H_2SO_4\,(aq) \longrightarrow Zn^{2+}\,(aq) + SO_4{}^{2-}\,(aq) + H_2\,(g)$$

Por tanto, 1 mol de zinc metálico generará (se disolverá en) 1 mol de zinc(II). Como tenemos 0,1299 g Zn, calculamos a cuántos moles equivalen, que serán los moles de Zn^{2+} empleados en la estandarización de la disolución:

$$0,1299 \text{ g Zn} \cdot \frac{1 \text{ mol Zn}}{65,4 \text{ g Zn}} \cdot \frac{1 \text{ mol Zn}^{2+}}{1 \text{ mol Zn}} = 2 \cdot 10^{-3} \text{ mol Zn}^{2+}$$

Como la reacción entre el zinc(II) y el EDTA (Y^{4-}) es mol a mol (1:1), ya que tiene una elevada constante de formación, $K_f = 3 \cdot 10^{16}$, se puede escribir:

$$Zn^{2+}\,(aq) + Y^{4-}\,(aq) \longrightarrow ZnY^{2-}\,(aq)$$

En el punto de equivalencia, tenemos que:

$$\text{mol Zn}^{2+} = \text{mol Y}^{4-} = 2 \cdot 10^{-3} \text{ mol}$$

De modo que se cumple que

$$c_{metal} \cdot V_{metal} = c_{EDTA} \cdot V_{EDTA}$$

El volumen de EDTA empleado en la reacción es 18,5 mL = 0,0185 L, de modo que la concentración de EDTA, $[Y^{4-}]$, será:

$$c_{EDTA} = [Y^{4-}] = \frac{2 \cdot 10^{-3} \text{ mol Y}^{4-}}{0,0185 \text{ L}} = 0,108 \text{ M}$$

3.8. Una disolución patrón de Ca^{2+} se preparó disolviendo 0,4644 g de $CaCO_3$ en HCl y diluyendo a 1 litro.

a) Calcula la concentración de esta disolución en ppm de Ca^{2+}.

b) Una alícuota de 50 mL de la disolución anterior se valoró con 31,4 mL de una disolución de EDTA. Expresa la concentración de la disolución de EDTA en mg Ca^{2+}/mL EDTA.

c) Una alícuota de 20 mL de agua del grifo necesitó 19,8 mL de la disolución anterior de EDTA para ser valorada. Expresa la dureza del agua como ppm de Ca^{2+}.

Datos: M ($CaCO_3$) = 100,1 g/mol; M (Ca) = 40,1 g/mol

---

a) Al disolver $CaCO_3$ en HCl se obtiene Ca(II), donde 1 mol de $CaCO_3$ genera 1 mol de Ca^{2+}:

$$CaCO_3 \text{ (s)} + 2HCl \text{ (aq)} \longrightarrow Ca^{2+} \text{ (aq)} + 2Cl^- \text{ (aq)} + H_2O \text{ (l)} + CO_2 \text{ (g)}$$

Las ppm (mg/L) de Ca^{2+} se calculan a partir de los mg de Ca^{2+} en un litro de disolución:

$$m = 0{,}4644 \text{ g CaCO3} \cdot \frac{1 \text{ mol } CaCO_3}{100{,}1 \text{ g } CaCO_3} \cdot \frac{1 \text{ mol } Ca^{2+}}{1 \text{ mol } CaCO_3} \cdot \frac{40{,}1 \text{ g } Ca^{2+}}{1 \text{ mol } Ca^{2+}} \cdot$$

$$\cdot \frac{10^3 \text{ mg } Ca^{2+}}{1 \text{ g } Ca^{2+}} = 186 \text{ mg } Ca^{2+}$$

Por tanto, tendremos 186 mg Ca^{2+}/L, o 186 ppm de Ca^{2+}.

b) La concentración molar de Ca^{2+} de la anterior disolución es la siguiente:

$$[Ca^{2+}] = \frac{0{,}4644 \text{ g } CaCO_3}{1 \text{ L}} \cdot \frac{1 \text{ mol } CaCO_3}{100{,}1 \text{ g } CaCO_3} \cdot \frac{1 \text{ mol } Ca^{2+}}{1 \text{ mol } CaCO_3} = 4{,}6 \cdot 10^{-3} \text{ M}$$

La masa correspondiente a una alícuota de 50 mL (0,05 L) es:

$$0{,}05 \text{ L} \cdot \frac{4{,}6 \cdot 10^{-3} \text{ mol } Ca^{+2}}{1 \text{ L}} \cdot \frac{40{,}1 \text{ g } Ca^{2+}}{1 \text{ mol } Ca^{2+}} \cdot \frac{10^3 \text{ mg } Ca^{2+}}{1 \text{ g } Ca^{2+}} = 9{,}2 \text{ mg } Ca^{2+}$$

Como se emplean 31,4 mL EDTA para valorar esta alícuota, tenemos que la concentración de EDTA, $[Y^{4-}]$, será:

$$[Y^{4-}] = \frac{9{,}2 \text{ mg } Ca^{2+}}{31{,}4 \text{ mL } Y^{4-}} = 0{,}29 \text{ mg } Ca^{2+} / \text{ mL EDTA}$$

c) El calcio de la disolución reacciona estequiométricamente con el EDTA:

$$Ca^{2+} \text{ (aq)} + Y^{4-} \text{ (aq)} \longrightarrow CaY^{2-} \text{ (aq)}$$

La cantidad de Ca^{2+} (en mg) se puede calcular a partir de la concentración y del volumen usado de la disolución de EDTA anteriormente calculada:

$$\text{masa } Ca^{2+} = 19{,}8 \text{ mL } Y^{4-} \cdot \frac{0{,}29 \text{ mg } Ca^{2+}}{1 \text{ mL } Y^{4-}} = 5{,}74 \text{ mg } Ca^{2+}$$

Como el volumen de la alícuota es 20 mL (0,02 L), la concentración de Ca^{2+} en ppm es:

$$[Ca^{2+}] = \frac{5,74 \text{ mg } Ca^{2+}}{0.020 \text{ L}} = 287 \text{ ppm } Ca^{2+}$$

3.9. Se pretende determinar la dureza total (debida al Ca y Mg) y las durezas parciales de una muestra de agua superficial expresadas en ppm de $CaCO_3$. Para ello, se llevan a cabo los siguientes experimentos:

a) Se normaliza una disolución de EDTA y se obtiene que tres pesadas de 0,0202 g de $CaCO_3$ consumen 18,1, 18,3 y 18,1 mL de EDTA. Calcula la concentración del EDTA.

b) Tres alícuotas de 50 mL de agua cada una se valoran con la disolución anterior de EDTA utilizando neT como indicador a pH 9,2, consumiéndose 23,7 mL, 23,5 mL y 23,4 mL. Calcula la dureza total del agua. (Nota: En estas condiciones el EDTA forma complejos con el Ca^{2+} y Mg^{2+}).

c) Tres alícuotas de 50 mL de agua cada una se valoran con el mismo EDTA del apartado anterior empleándose murexida como indicador a pH 12, consumiéndose 17,3, 17,2, y 17,4 mL. Calcula la dureza parcial debida al calcio y magnesio del agua. (Nota: En estas condiciones el EDTA forma complejos sólo con el Ca^{2+}).

Datos: M ($CaCO_3$) = 100,1 g/mol; M (Ca) = 40,1 g/mol; M (Mg) = 24,3 g/mol

a) Al valorar el EDTA con $CaCO_3$ tenemos datos de volumen de EDTA y concentración de Ca^{2+}, lo que nos permite calcular la concentración de EDTA sabiendo que éste reacciona estequiométrica y completamente con el Ca^{2+}:

$$Ca^{2+} \text{ (aq)} + Y^{4-} \text{ (aq)} \longrightarrow CaY^{2-} \text{ (aq)}$$

En el punto de equivalencia, tenemos que mmol Ca^{2+} = mmol Y^{4-}, por tanto, calculamos los mmol de Ca^{2+}:

$$0,0202 \text{ g } CaCO_3 \cdot \frac{1 \text{ mol } CaCO_3}{100,1 \text{ g } CaCO_3} \cdot \frac{1 \text{ mol } Ca^{2+}}{1 \text{ mol } CaCO_3} \cdot \frac{10^3 \text{ mmol}}{1 \text{ mol}} =$$

$$= 0,202 \text{ mmol } Ca^{2+}$$

Puesto que se cumple que:

$$c_{metal} \cdot V_{metal} = c_{EDTA} \cdot V_{EDTA} \quad \longrightarrow \quad c_{EDTA} = \frac{c_{metal} \cdot V_{metal}}{V_{EDTA}}$$

y como $c_{metal} \cdot V_{metal} = mol_{metal}$, se calculan las diferentes concentraciones de EDTA obtenidas en cada valoración:

$$c_{EDTA_1} = \frac{0{,}202 \text{ mmol}}{18{,}1 \text{ mL}} = 0{,}0112 \text{ M}$$

$$c_{EDTA_2} = \frac{0{,}202 \text{ mmol}}{18{,}3 \text{ mL}} = 0{,}0110 \text{ M}$$

$$c_{EDTA_3} = \frac{0{,}202 \text{ mmol}}{18{,}1 \text{ mL}} = 0{,}0112 \text{ M}$$

Se calcula el valor medio, el error asociado, y se expresa con las cifras significativas correspondientes:

$$\overline{c_{EDTA}} = \frac{0{,}0112 + 0{,}0110 + 0{,}0112}{3} = 0{,}0111 \text{ M}$$

$$c_{EDTA} = (0{,}0111 \pm 0{,}0001) \text{ M}$$

b) Conociendo la concentración de la disolución de EDTA y el volumen de esta que se consume en valorar el agua, podemos conocer su dureza total (ya que el experimento se realiza a pH 9,2 y tanto el Ca^{2+} como el Mg^{2+} están presentes en el agua). Los moles de EDTA (Y^{4-}) que reaccionen en estas condiciones serán iguales a la suma de los moles de iones calcio y magnesio, ya que reaccionarán totalmente según las siguientes reacciones (ambas con constantes de formación de complejos muy elevadas):

$$Ca^{2+} (aq) + Y^{4-} (aq) \longrightarrow CaY^{2-} (aq)$$

$$Mg^{2+} (aq) + Y^{4-} (aq) \longrightarrow MgY^{2-} (aq)$$

$$mol\ Y^{4-} = mmol\ totales = mmol\ Ca^{2+} + mmol\ Mg^{2+} \equiv mmol\ CaCO_3$$

Como mmol totales $= c_{EDTA} \cdot V_{EDTA}$, para cada valoración tenemos que:

$$mmol_{CaCO_3,1} = c_{EDTA} \cdot V_{EDTA,1} = 0{,}0111 \cdot 23{,}7 = 0{,}2631$$

$$mmol_{CaCO_3,2} = c_{EDTA} \cdot V_{EDTA,1} = 0{,}0111 \cdot 23{,}5 = 0{,}2609$$

$$mmol_{CaCO_3,3} = c_{EDTA} \cdot V_{EDTA,1} = 0{,}0111 \cdot 23{,}4 = 0{,}2597$$

Estos serían los mmoles de $Ca^{2+} + Mg^{2+}$ (equivalentes a mmoles de $CaCO_3$). Si los expresamos como ppm de $CaCO_3$, tendremos la dureza total para cada una de las alícuotas de 50 mL (0,05 L) de agua:

1) $\dfrac{0,2631 \text{ mmol CaCO}_3}{0,05 \text{ L}} \cdot \dfrac{100,1 \text{ mg CaCO}_3}{1 \text{ mmol CaCO}_3} = 526,7 \text{ ppm CaCO}_3$

2) $\dfrac{0,2609 \text{ mmol CaCO}_3}{0,05 \text{ L}} \cdot \dfrac{100,1 \text{ mg CaCO}_3}{1 \text{ mmol CaCO}_3} = 522,3 \text{ ppm CaCO}_3$

3) $\dfrac{0,2597 \text{ mmol CaCO}_3}{0,05 \text{ L}} \cdot \dfrac{100,1 \text{ mg CaCO}_3}{1 \text{ mmol CaCO}_3} = 519,9 \text{ ppm CaCO}_3$

La dureza total, expresada con el error y las cifras significativas correspondientes es: Dureza total $= (523 \pm 3)$ ppm $CaCO_3$.

c) En estas condiciones (pH 12), el Mg^{2+} (aq) precipita como $Mg(OH)_2$ (s) y en disolución sólo tenemos Ca^{2+}, por lo que los moles de EDTA (Y^{4-}) que reaccionan serán los mismos que los de calcio en el agua. Se pueden calcular a partir de la concentración de la disolución de EDTA y del volumen empleado:

$$Ca^{2+} \text{ (aq)} + Y^{4-} \text{ (aq)} \longrightarrow CaY^{2-} \text{ (aq)}$$

$$\text{mmol } Y^{4-} = \text{mmol } Ca^{2+} \equiv \text{mmol } CaCO_3$$

Como mmol $Ca^{2+} = c_{EDTA} \cdot V_{EDTA}$, para cada valoración tenemos que:

$$\text{mmol}_{CaCO_3,1} = c_{EDTA} \cdot V_{EDTA,1} = 0,0111 \cdot 17,3 = 0,1920$$

$$\text{mmol}_{CaCO_3,2} = c_{EDTA} \cdot V_{EDTA,1} = 0,0111 \cdot 17,2 = 0,1909$$

$$\text{mmol}_{CaCO_3,3} = c_{EDTA} \cdot V_{EDTA,1} = 0,0111 \cdot 17,4 = 0,1931$$

Estos serían los mmoles de Ca^{2+} (equivalentes a mmoles de $CaCO_3$). Si los expresamos como ppm de $CaCO_3$, tendremos la dureza parcial debida al Ca^{2+} para cada una de las alícuotas de 50 mL (0,05 L) de agua:

1) $\dfrac{0,1920 \text{ mmol CaCO}_3}{0,05 \text{ L}} \cdot \dfrac{100,1 \text{ mg CaCO}_3}{1 \text{ mmol CaCO}_3} = 384,4 \text{ ppm CaCO}_3$

2) $\dfrac{0,1909 \text{ mmol CaCO}_3}{0,05 \text{ L}} \cdot \dfrac{100,1 \text{ mg CaCO}_3}{1 \text{ mmol CaCO}_3} = 382,2 \text{ ppm CaCO}_3$

3) $\dfrac{0,1931 \text{ mmol CaCO}_3}{0,05 \text{ L}} \cdot \dfrac{100,1 \text{ mg CaCO}_3}{1 \text{ mmol CaCO}_3} = 386,6 \text{ ppm CaCO}_3$

Expresando el resultado con el error y las cifras significativas correspondientes, tenemos Dureza parcial $Ca^{2+} = (384 \pm 2)$ ppm $CaCO_3$. Por ende,

Dureza parcial Mg^{2+} = Dureza total $-$ Dureza parcial Ca^{2+}

Dureza parcial $Mg^{2+} = 523 - 384 = (139 \pm 5)$ ppm $CaCO_3$

Aunque la forma más común de expresar la dureza del agua (tanto parcial como total) es en ppm de $CaCO_3$, también podemos expresar los valores anteriores de dureza parcial como ppm de Ca^{2+} y Mg^{2+}, respectivamente.

$$\frac{(384 \pm 2)\ \text{mg}\ CaCO_3}{1\ \text{L}} \cdot \frac{1\ \text{mmol}\ CaCO_3}{100,1\ \text{mg}\ CaCO_3} \cdot \frac{1\ \text{mmol}\ Ca^{2+}}{1\ \text{mmol}\ CaCO_3} \cdot \frac{40,1\ \text{mg}\ Ca^{2+}}{1\ \text{mmol}\ Ca^{2+}}$$

$$= (153,8 \pm 0,8)\ \text{ppm}\ Ca^{2+}$$

$$\frac{(139 \pm 5)\ \text{mg}\ CaCO_3}{1\ \text{L}} \cdot \frac{1\ \text{mmol}\ CaCO_3}{100,1\ \text{mg}\ CaCO_3} \cdot \frac{1\ \text{mmol}\ Mg^{2+}}{1\ \text{mmol}\ CaCO_3} \cdot \frac{24,3\ \text{mg}\ Mg^{2+}}{1\ \text{mmol}\ Mg^{2+}}$$

$$= (33,7 \pm 1,2)\ \text{ppm}\ Mg^{2+}$$

CAPÍTULO IV

Equilibrios de solubilidad

CONCEPTOS TEÓRICOS

La constante (o producto) de solubilidad K_{ps} de un soluto $A_m B_n$ se define para una disolución saturada, donde se tiene un equilibrio (heterogéneo y dinámico) entre el soluto no disuelto (precipitado) y el disuelto, tal y como muestra la siguiente ecuación:

$$A_m B_n \ (s) \leftrightarrows m A^{n+} \ (aq) + n B^{m-} \ (aq)$$

$$K_{ps} = [A^{n+}]^m \ [B^{m-}]^n$$

Cuando la disolución está saturada se cumple que la constante de solubilidad es igual al producto de solubilidad, mientras que cuando está sobresaturada, el soluto comienza a precipitar y el producto de solubilidad es mayor que la constante.

La solubilidad molar del soluto $A_m B_n$ (s) es la máxima cantidad (en moles/litro), abreviada como s, que se pueden disolver en una disolución (normalmente acuosa) sin que comience a formarse precipitado. Se calcula a partir de la constante de solubilidad para el correspondiente equilibrio:

$$A_m B_n \ (s) \leftrightarrows m A^{n+} \ (aq) + n B^{m-} \ (aq)$$

[eq] $-$ $m \cdot s$ $n \cdot s$

$$K_{ps} = [A^{n+}]^m \ [B^{m-}]^n = (ms)^m \ (ns)^n = m^m \, n^n (s)^{m+n}$$

$$s = \sqrt[m+n]{\frac{K_{ps}}{m^m\, n^n}}$$

Por ejemplo, para el cálculo de la solubilidad de un compuesto AB ($m = n = 1$):

$$AB\ (s) \leftrightarrows A^+\ (aq) + B^-\ (aq)$$

[eq]   –   s   s

$$K_{ps} = [A^+]^1\, [B^-]^1 = (s)^1\, (s)^1 = s^2 \longrightarrow s = \sqrt[2]{K_{ps}}$$

Si queremos calcular de la solubilidad de un compuesto AB$_2$ ($m = 1$; $n = 2$):

$$AB_2\ (s) \leftrightarrows A^{2+}\ (aq) + 2B^-\ (aq)$$

[eq]   –   s   2s

$$K_{ps} = [A^{2+}]^1\, [B^-]^2 = (s)^1\, (2s)^2 = 4s^3 \longrightarrow s = \sqrt[3]{\frac{K_{ps}}{4}}$$

La solubilidad de $A_m B_n$ puede aumentar si retiramos una o ambas especies disueltas (A^{n+}, B^{m-}), haciendo que participen en equilibrios ácido-base, redox o de formación de complejos y de este modo se consuman en la reacción paralela. De la misma forma, la presencia de solutos que den lugar a iones comunes (A^{n+} y/o B^{m-}) disminuirá la solubilidad del soluto (efecto del ion común).

RESOLUCIÓN DE PROBLEMAS

4.1. Calcula la solubilidad de los siguientes compuestos en moles por litro y en gramos por litro atendiendo a los datos proporcionados.

a) Ag_3PO_4 ($K_{ps} = 1,8 \cdot 10^{-18}$, M = 418,58 g/mol)

b) $CaCO_3$ ($K_{ps} = 8.7 \cdot 10^{-9}$, M = 100,08 g/mol)

a) El equilibrio correspondiente a la disolución del Ag_3PO_4 (s) es:

$$Ag_3PO_4 \text{ (s)} \leftrightarrows 3Ag^+ \text{ (aq)} + PO_4^{3-} \text{ (aq)}$$

[eq]   –   3s   s

Por tanto, la expresión de la constante del producto de solubilidad es:

$$K_{ps} = [Ag^+]^3\,[PO_4^{3-}] = (3s)^3 \cdot s = 27s^4 \longrightarrow s = \sqrt[4]{K_{ps}/27}$$

Calculamos la solubilidad molar:

$$s = \sqrt[4]{K_{ps}/27} = \sqrt[4]{\frac{1,8 \cdot 10^{-18}}{27}} = 1,6 \cdot 10^{-5} \text{ M}$$

Transformamos las unidades a g/L:

$$s = \frac{1,6 \cdot 10^{-5} \text{ mol } Ag_3PO_4}{1 \text{ L}} \cdot \frac{418,58 \text{ g } Ag_3PO_4}{1 \text{ mol } Ag_3PO_4} = 6,7 \cdot 10^{-3} \text{ g/L}$$

b) El equilibrio correspondiente a la disolución del $CaCO_3$ (s) es:

$$CaCO_3 \text{ (s)} \leftrightarrows Ca^{2+} \text{ (aq)} + CO_3^{2-} \text{ (aq)}$$

[eq]   –   s   s

Por tanto, la expresión de la constante del producto de solubilidad es:

$$K_{ps} = [Ca^{2+}]\,[CO_3^{2-}] = s \cdot s = s^2 \longrightarrow s = \sqrt{K_{ps}}$$

Calculamos la solubilidad molar y transformamos las unidades a g/L:

$$s = \sqrt{8,7 \cdot 10^{-9}} = 9,3 \cdot 10^{-5} \text{ M}$$

$$s = \frac{9,3 \cdot 10^{-5} \text{ mol } CaCO_3}{1 \text{ L}} \cdot \frac{100,08 \text{ g } CaCO_3}{1 \text{ mol } CaCO_3} = 9,3 \cdot 10^{-3} \text{ g/L}$$

4.2. Calcula el K_{ps} de las siguientes sales en base a los datos proporcionados.

a) Oxalato de calcio (CaC_2O_4, = 128,08 g/mol). Cuando se disuelven $4,8 \cdot 10^{-5}$ moles de oxalato de calcio en 1 L de agua se obtiene una disolución saturada.

b) Dibromuro de plomo ($PbBr_2$). En una disolución saturada de $PbBr_2$ la concentración de Pb^{2+} es $2,14 \cdot 10^{-2}$ M.

c) Triyoduro de bismuto (BiI_3). La solubilidad molar del BiI_3 es $1,32 \cdot 10^{-5}$ mol/L.

d) Peryodato de cobre(II) ($Cu(IO_4)_2$, M = 445,35 g/mol). 100 mL de disolución saturada de $Cu(IO_4)_2$ contienen 0,146 g de sal disuelta.

---

a) El equilibrio correspondiente a la disolución del CaC_2O_4 (s) es:

$$CaC_2O_4 \text{ (s)} \leftrightarrows Ca^{2+} \text{ (aq)} + C_2O_4^{2-} \text{ (aq)}$$

[eq]   –   s   s

Del enunciado deducimos que $s = 4,8 \cdot 10^{-5}$ mol/L (disolución saturada). Por tanto, la constante del producto de solubilidad tiene un valor de:

$$K_{ps} = [Ca^{2+}] [C_2O_4^{2-}] = s \cdot s = s^2 = (4,8 \cdot 10^{-5})^2 = 2,3 \cdot 10^{-9}$$

b) El equilibrio correspondiente a la disolución del $PbBr_2$ (s) es:

$$PbBr_2 \text{ (s)} \leftrightarrows Pb^{2+} \text{ (aq)} + 2Br^- \text{ (aq)}$$

[eq]   –   s   2s

Del enunciado deducimos que $[Pb^{2+}] = 2,14 \cdot 10^{-2}$ M = s. Por tanto, la constante del producto de solubilidad tiene un valor de:

$$K_{ps} = [Pb^{2+}] [Br^-]^2 = s \cdot (2s)^2 = 4s^3 = 4 (2,14 \cdot 10^{-2})^3 = 3,9 \cdot 10^{-5}$$

c) El equilibrio correspondiente a la disolución del BiI_3 (s) es:

$$BiI_3 \text{ (s)} \leftrightarrows Bi^{3+} \text{ (aq)} + 3I^- \text{ (aq)}$$

[eq]   –   s   3s

Sustituimos el valor de la solubilidad molar en la expresión de K_{ps}:

$$K_{ps} = [Bi^{3+}] \, [I^-]^3 = s \cdot (3s)^3 = 27s^4 = 27 \, (1,32 \cdot 10^{-5})^4 = 8,2 \cdot 10^{-19}$$

d) El equilibrio correspondiente a la disolución del $Cu(IO_4)_2$ (s) es:

$$Cu(IO_4)_2 \text{ (s)} \leftrightarrows Cu^{2+} \text{ (aq)} + 2IO_4^- \text{ (aq)}$$

[eq]   –   s   2s

Por tanto, la expresión de la constante del producto de solubilidad es:

$$K_{ps} - [Cu^{2+}] \, [IO_4^-]^2 - s \cdot (2s)^2 - 4s^3$$

Con los datos que nos proporciona el enunciado, podemos calcular la solubilidad molar, ya que se trata de la cantidad de sal disuelta en una disolución saturada:

$$s = \frac{0{,}146 \text{ g } Cu(IO_4)_2}{100 \text{ mL}} \cdot \frac{10^3 \text{ mL}}{1 \text{ L}} \cdot \frac{1 \text{ mol } Cu(IO_4)_2}{445{,}35 \text{ g } Cu(IO_4)_2} = 3{,}3 \cdot 10^{-3} \text{ M}$$

Sustituyendo el valor de la solubilidad molar en la expresión de K_{ps}:

$$K_{ps} = 4s^3 = 4 \, (3{,}3 \cdot 10^{-3})^3 = 1{,}4 \cdot 10^{-7}$$

4.3. Para cada uno de los siguientes pares de sólidos, determina cuál tiene la menor solubilidad.

a) CaF_2 ($K_{ps} = 4{,}0 \cdot 10^{-11}$) y BaF_2 ($K_{ps} = 2{,}4 \cdot 10^{-5}$)

b) $Ca_3(PO_4)_2$ ($K_{ps} = 1{,}3 \cdot 10^{-32}$) y $FePO_4$ ($K_{ps} = 10^{-22}$)

Para poder comparar las solubilidades de distintos sólidos directamente de sus correspondientes valores de K_{ps}, hemos de fijarnos en su estequiometría. Es decir, en si la disolución de estas sales dará el mismo número de iones en disolución, o no.

a) Planteamos los equilibrios de disolución de ambas sales:

$$CaF_2 \text{ (s)} \leftrightarrows Ca^{2+} \text{ (aq)} + 2F^- \text{ (aq)}$$

$$BaF_2 \text{ (s)} \leftrightarrows Ba^{2+} \text{ (aq)} + 2F^- \text{ (aq)}$$

[eq]   –   s   2s

Observamos que la disolución de los dos sólidos da lugar al mismo número de iones. Por lo tanto, la expresión genérica de la constante del producto de solubilidad será la misma en ambos casos ($K_{ps} = 4s^3$).

Como K_{ps} (CaF_2) < K_{ps} (BaF_2), s (CaF_2) < s (BaF_2).

b) Planteamos los equilibrios de disolución de ambas sales y observamos que el número de iones resultante es diferente. Dado que la expresión genérica de la constante del producto de solubilidad será diferente, necesitamos calcular el valor de la solubilidad para cada caso.

$$Ca_3(PO_4)_2 \text{ (s)} \leftrightarrows 3Ca^{2+} \text{ (aq)} + 2PO_4^{3-} \text{ (aq)}$$

[eq]   –   3s   2s

$$K_{ps} = [Ca^{2+}]^3 \, [PO_4^{3-}]^2 = (3s)^3(2s)^2 = 108s^5 \longrightarrow s = \sqrt[5]{K_{ps}/108}$$

$$s = \sqrt[5]{\frac{1,3 \cdot 10^{-32}}{108}} = 1,6 \cdot 10^{-7} \text{ M}$$

$$FePO_4 \text{ (s)} \leftrightarrows Fe^{3+} \text{ (aq)} + PO_4^{3-} \text{ (aq)}$$

[eq]   –   s   s

$$K_{ps} = [Fe^{3+}] \, [PO_4^{3-}] = s^2 \longrightarrow s = \sqrt{K_{ps}} = \sqrt{10^{-22}} = 10^{-11} \text{ M}$$

$$s = \sqrt{10^{-22}} = 10^{-11} \text{ M}$$

En base a lo anterior, se observa que s ($FePO_4$) < s ($Ca_3(PO_4)_2$).

4.4. Discute razonadamente la veracidad o falsedad de los siguientes enunciados.

a) Podemos comparar las solubilidades de diferentes sales fijándonos directamente en sus valores de K_{ps}.

b) La solubilidad del AgI aumenta al añadir amoniaco.

c) Cuando el producto iónico (Q) es igual al valor de K_{ps} tenemos una disolución sobresaturada.

a) Falso, en algunos casos. Tal y como se ha visto reflejado en el problema anterior, las solubilidades de distintos sólidos únicamente se podrán comparar directamente de sus correspondientes valores de K_{ps} si la disolución de estas sales da el mismo número de iones.

b) Verdadero. El principio de Le Châtelier establece que cuando un sistema químico en equilibrio sufre una perturbación externa, el equilibrio se desplaza en el sentido de contrarrestar dicha perturbación. En el caso de la plata catiónica (Ag^+), esta forma complejos amoniacales.

$$AgI \text{ (s)} \leftrightharpoons Ag^+ \text{ (aq)} + I^- \text{ (aq)}$$

$$+$$
$$2\ NH_3 \text{ (aq)}$$
$$\uparrow\downarrow$$
$$[Ag(NH_3)_2]^+ \text{ (aq)}$$

Por tanto, las reacciones paralelas desplazan el equilibrio hacia la derecha, es decir, hacia la generación de más cationes Ag^+ para contrarrestar la pérdida producida por reacción con el NH_3, lo que produce un aumento de la solubilidad.

c) Falso. Cuando el producto iónico (Q) es igual al valor de K_{ps} tenemos una disolución saturada. Para obtener una disolución sobresaturada, Q ha de ser mayor que K_{ps}.

4.5. Una disolución contiene Na_3PO_4 10^{-5} M. ¿Cuál es la mínima concentración de $AgNO_3$ que causará la precipitación del sólido Ag_3PO_4 ($K_{ps} = 1,8 \cdot 10^{-18}$)?

El Na_3PO_4 y el $AgNO_3$ son sales que en disolución acuosa se encuentran completamente ionizadas:

$$Na_3PO_4 \text{ (s)} \longrightarrow 3Na^+ \text{ (aq)} + PO_4^{3-} \text{ (aq)}$$

[i] 10^{-5} –   –

[f]   – $3 \cdot 10^{-5}$ 10^{-5}

Por tanto, el valor de $[PO_4^{3-}]$ en la disolución es 10^{-5} M.

$$AgNO_3 \text{ (s)} \longrightarrow Ag^+ \text{ (aq)} + NO_3^- \text{ (aq)}$$

[i] x –   –

[f]   – x x

Puesto que la relación establecida por la constante del producto de solubilidad ha de mantenerse siempre, podemos obtener $[Ag^+]$ de la expresión de K_{ps}. Para ello, planteamos el equilibrio de solubilidad del Ag_3PO_4:

$$Ag_3PO_4 \text{ (s)} \leftrightarrows 3Ag^+ \text{ (aq)} + PO_4^{3-} \text{ (aq)}$$

[eq]   – $3s$ s

Despejamos $[Ag^+]$ de la expresión de K_{ps}:

$$K_{ps} = [Ag^+]^3 \, [PO_4^{3-}] \qquad \longrightarrow \qquad [Ag^+] = \sqrt[3]{\frac{K_{ps}}{[PO_4^{3-}]}}$$

Y atendiendo a que $[Ag^+] = x = [AgNO_3]$,

$$[AgNO_3] = \sqrt[3]{\frac{1,8 \cdot 10^{-18}}{10^{-5}}} = 5,6 \cdot 10^{-5} \text{ M}$$

4.6. Indica razonadamente cuáles de las siguientes sustancias presentarán un incremento de la solubilidad en medio ácido: Ag_3PO_4, $CaCO_3$, Hg_2Cl_2, PbI_2, $CdCO_3$, $Sr_3(PO_4)_2$.

En medio ácido, presentarán un incremento de solubilidad todas aquellas especies que en disolución acuosa generen una base con propiedades ácido-base.

El principio de Le Châtelier establece que cuando un sistema químico en equilibrio sufre una perturbación externa, el equilibrio se desplaza en el sentido de contrarrestar dicha perturbación. Por tanto, si la base generada es capaz de reaccionar con los protones (H_3O^+) del medio ácido, el equilibrio se desplazará hacia la derecha (generando más base) para contrarrestar la pérdida producida por reacción con los protones, lo que producirá un aumento de la solubilidad. A continuación, se analiza la reactividad de las diferentes especies:

- Ag_3PO_4 (s) $\leftrightarrow$ $3Ag^+$ (aq) + PO_4^{3-} (aq)

$$+$$

$$H_3O^+ \text{ (aq)}$$

$$\uparrow\downarrow$$

$$HPO_4^{2-} \text{ (aq)} + H_2O$$

La solubilidad aumenta

- $CaCO_3$ (s) $\leftrightarrows$ Ca^{2+} (aq) + CO_3^{2-} (aq)

$$+$$

$$H_3O^+ \text{ (aq)}$$

$$\uparrow\downarrow$$

$$HCO_3^- \text{ (aq)} + H_2O$$

La solubilidad aumenta

- Hg_2Cl_2 (s) $\leftrightarrows$ Hg_2^{2+} (aq) + $2Cl^-$ (aq)

$$+$$

$$2H_3O^+ \text{ (aq)}$$

La solubilidad NO aumenta

El Cl^- es la base conjugada del HCl (un ácido fuerte) y, por tanto, no exhibe propiedades ácido-base.

- PbI_2 (s) $\leftrightarrows$ Pb^{2+} (aq) + $2I^-$ (aq)

  $+$

  $2H_3O^+$ (aq)

  La solubilidad
  NO aumenta

El I^- es la base conjugada del HI (un ácido fuerte) y, por tanto, no exhibe propiedades ácido-base.

- $CdCO_3$ (s) $\leftrightarrows$ Cd^{2+} (aq) + CO_3^{2-} (aq)

  $+$

  H_3O^+ (aq)

  $\uparrow\downarrow$

  HCO_3^- (aq) + H_2O

  La solubilidad
  aumenta

- $Sr_3(PO_4)_2$ (s) $\leftrightarrows$ $3Sr^{2+}$ (aq) + $2PO_4^{3-}$ (aq)

  $+$

  $2H_3O^+$ (aq)

  $\uparrow\downarrow$

  $2HPO_4^{2-}$ (aq) + $2H_2O$

  La solubilidad
  aumenta

4.7. Calcula la concentración de Pb^{2+} en:

a) Una disolución saturada de $Pb(OH)_2$ ($K_{ps} = 1{,}2\cdot10^{-15}$).

b) Una disolución saturada de $Pb(OH)_2$ tamponada a pH = 13.

---

a) El equilibrio correspondiente a la disolución del $Pb(OH)_2$ (s) es:

$$Pb(OH)_2 \text{ (s)} \leftrightarrows Pb^{2+} \text{ (aq)} + 2OH^- \text{ (aq)}$$

[eq]	–	s	2s

Por tanto, la expresión de la constante del producto de solubilidad es:

$$K_{ps} = [Pb^{2+}] [OH^-]^2 = s \cdot (2s)^2 = 4s^3 \qquad \longrightarrow \qquad s = \sqrt[3]{K_{ps}/4}$$

Dado que $s = [Pb^{2+}]$ en el equilibrio,

$$[Pb^{2+}] = \sqrt[3]{\frac{1,2 \cdot 10^{-15}}{4}} = 6,7 \cdot 10^{-6} \text{ M}$$

b) En este caso, la concentración de iones Pb^{2+} vendrá fijada por la expresión de K_{ps}, ya que la concentración de iones hidroxilo (OH^-) es fija y viene determinada por el pH del medio.

Si el pH = 13, el pOH = 1, o lo que es lo mismo, $[OH^-] = 10^{-1}$ M = 0,1 M. Despejamos $[Pb^{2+}]$ de la expresión de la constante del producto de solubilidad:

$$K_{ps} = [Pb^{2+}] [OH^-]^2 \qquad \longrightarrow \qquad [Pb^{2+}] = \frac{K_{ps}}{[OH^-]^2}$$

$$[Pb^{2+}] = \frac{1,2 \cdot 10^{-15}}{(0,1)^2} = 1,2 \cdot 10^{-13} \text{ M}$$

4.8. Calcula las concentraciones finales de K^+, $C_2O_4^{2-}$, Ba^{2+} y Br^- en una disolución que se prepara mezclando 100 mL de $K_2C_2O_4$ 0,2 M con 150 mL de $BaBr_2$ 0,25 M.

Dato: K_{ps} (BaC_2O_4) = $2,3 \cdot 10^{-8}$

Considerando volúmenes aditivos, la disolución resultante tendrá un volumen de 0,25 L (100 mL + 150 mL). Antes de proceder con los equilibrios de solubilidad, para tener en cuenta el efecto de dilución, calculamos las nuevas concentraciones iniciales de $K_2C_2O_4$ y $BaBr_2$:

$$[K_2C_2O_4]_i = \frac{\text{moles } K_2C_2O_4}{V_{Total}} = \frac{(0,1 \text{ L}) \cdot (0,2 \text{ M})}{0,25 \text{ L}} = 0,08 \text{ M}$$

$$[BaBr_2]_i = \frac{\text{moles } BaBr_2}{V_{Total}} = \frac{(0,15 \text{ L}) \cdot (0,25 \text{ M})}{0,25 \text{ L}} = 0,15 \text{ M}$$

El $K_2C_2O_4$ y el $BaBr_2$ son sales que en disolución acuosa se encuentran completamente ionizadas:

$$K_2C_2O_4 \text{ (s)} \longrightarrow 2K^+ \text{ (aq)} + C_2O_4^{2-} \text{ (aq)}$$

[i]	0,08	–	–
[f]	–	0,16	0,08

Por tanto, el valor de $[C_2O_4^{2-}]$ en la disolución resultante es 0,08 M.

$$BaBr_2 \text{ (s)} \longrightarrow Ba^{2+} \text{ (aq)} + 2Br^- \text{ (aq)}$$

[i]	0,15	–	–
[f]	–	0,15	0,30

El valor de $[Br^-]$ en la disolución resultante es 0,30 M.

El K^+ y el Br^- no reaccionan, ya que el KBr (s) es una sal que se disocia completamente en agua. De este modo, las concentraciones finales de estos iones son: $[K^+] = 0,16$ M y $[Br^-] = 0,30$ M. El Ba^{2+} reacciona con el oxalato $(C_2O_4^{2-})$ para formar oxalato de bario (BaC_2O_4), de acuerdo con el siguiente equilibrio:

$$BaC_2O_4 \text{ (s)} \leftrightarrows Ba^{2+} \text{ (aq)} + C_2O_4^{2-} \text{ (aq)}$$

A continuación, se calcula el producto iónico (Q) para ver si se forma precipitado, o no:

$$Q = [Ba^{2+}]_i \, [C_2O_4^{2-}]_i = 0,15 \cdot 0,08 = 0,012$$

Como Q (0,012) > K_{ps} ($2,3 \cdot 10^{-8}$), tenemos una disolución sobresaturada con presencia de precipitado. Para calcular la cantidad que reacciona de cada ion, planteamos las ecuaciones del equilibrio correspondiente para que cumpla la expresión de la constante del producto de solubilidad:

$$BaC_2O_4 \text{ (s)} \leftrightarrows Ba^{2+} \text{ (aq)} + C_2O_4^{2-} \text{ (aq)}$$

[i]	–	0,15	0,08
[eq]	x	$0,15 - x$	$0,08 - x$

$$K_{ps} = [Ba^{2+}]_{eq} \, [C_2O_4^{2-}]_{eq} = (0,15 - x)(0,08 - x) = 2,3 \cdot 10^{-8}$$

Desarrollando los términos se obtiene la siguiente ecuación:

$$x^2 - 0,23x + 0,012 = 0 \qquad \longrightarrow \qquad x = 0,15; \, 0,08$$

Se descarta la solución de $x = 0{,}15$, ya que eso implicaría obtener una concentración negativa de iones oxalato $(0{,}08 - x)$, lo que es químicamente imposible. Por tanto, las concentraciones resultantes tras la reacción de los iones para formar el sólido son: $[Ba^{2+}] = 0{,}07$ M y $[C_2O_4{}^{2-}] \approx 0$ M.

4.9. Una disolución contiene Cu^+ 10^{-4} M y Pb^{2+} $2 \cdot 10^{-3}$ M. Si se añade una fuente de iones yoduro gradualmente a la disolución, ¿qué precipitará antes, PbI_2 ($K_{ps} = 1{,}4 \cdot 10^{-8}$) o CuI ($K_{ps} = 5{,}3 \cdot 10^{-12}$)? Especifica la concentración de I^- necesaria para que comience la precipitación de cada sal.

Planteamos los equilibrios correspondientes a la disolución de ambos sólidos:

PbI_2 (s) $\leftrightarrows$ Pb^{2+} (aq) $+$ $2I^-$ (aq)

CuI (s) $\leftrightarrows$ Cu^+ (aq) $+$ I^- (aq)

Precipitará antes el sólido que necesite menor cantidad de yoduro para alcanzar una disolución saturada. Calculamos $[I^-]$ para cada caso utilizando la expresión de la constante del producto de solubilidad:

$$K_{ps} = [Pb^{2+}] [I^-]^2 \longrightarrow [I^-] = \sqrt{\frac{K_{ps}}{[Pb^{2+}]}}$$

$$[I^-]_{PbI_2} = \sqrt{\frac{1{,}4 \cdot 10^{-8}}{2 \cdot 10^{-3}}} = 2{,}6 \cdot 10^{-3} \text{ M}$$

$$K_{ps} = [Cu^+] [I^-] \longrightarrow [I^-] = \frac{K_{ps}}{[Cu^+]}$$

$$[I^-]_{CuI} = \frac{5{,}3 \cdot 10^{-12}}{10^{-4}} = 5{,}3 \cdot 10^{-8} \text{ M}$$

En vista de los valores, se concluye que precipitará antes el CuI.

4.10. Para averiguar el pK_{ps} del acetato de plata (abreviado como AgAc) se mezclan 100 mL de una disolución de nitrato de plata ($AgNO_3$) 0,5 M con 100 mL de una disolución de acetato sódico (abreviado como NaAc) 0,5 M. El precipitado que se forma (acetato de plata) se filtra, se seca y se pesa (6,854 g). ¿Cuál es el pK_{ps} del acetato de plata?

Dato: M (AgAc) = 166,9 g/mol

Considerando volúmenes aditivos, la disolución resultante tendrá un volumen de 0,2 L (100 mL + 100 mL). Antes de proceder con los equilibrios de solubilidad, para tener en cuenta el efecto de dilución, calculamos las nuevas concentraciones iniciales de $AgNO_3$ y NaAc:

$$[AgNO_3]_i = \frac{\text{moles } AgNO_3}{V_{Total}} = \frac{(0,1 \text{ L}) \cdot (0,5 \text{ M})}{0,2 \text{ L}} = 0,25 \text{ M}$$

$$[NaAc]_i = \frac{\text{moles NaAc}}{V_{Total}} = \frac{(0,1 \text{ L}) \cdot (0,5 \text{ M})}{0,2 \text{ L}} = 0,25 \text{ M}$$

El $AgNO_3$ y el NaAc son sales que en disolución acuosa se encuentran completamente ionizadas:

$$AgNO_3 \text{ (s)} \longrightarrow Ag^+ \text{ (aq)} + NO_3^- \text{ (aq)}$$

[i]	0,25	–	–
[f]	–	0,25	0,25

El valor de $[Ag^+]$ en la disolución resultante es 0,25 M.

$$NaAc \text{ (s)} \longrightarrow Na^+ \text{ (aq)} + Ac^- \text{ (aq)}$$

[i]	0,25	–	–
[f]	–	0,25	0,25

El valor de $[Ac^-]$ en la disolución resultante es 0,25 M. El Na^+ y el NO_3^- no reaccionan, ya que el $NaNO_3$ (s) es una sal que se disocia completamente en agua. Por otro lado, la plata catiónica reacciona con el acetato para formar acetato de plata, de acuerdo con el siguiente equilibrio:

$$AgAc \text{ (s)} \leftrightarrows Ag^+ \text{ (aq)} + NO_3^- \text{ (aq)}$$

[i]   –   0,25   0,25

[eq] x $0{,}25 - x$ $0{,}25 - x$

$$K_{ps} = [Ag^+]_{eq}\,[NO_3^-]_{eq} = (0{,}25 - x)^2$$

El valor de x lo podemos obtener a partir del peso del sólido seco.

$$x = \frac{\text{moles AgAc}}{V_{Total}} = \frac{(6{,}854 \text{ g AgAc}) \cdot \dfrac{1 \text{ mol AgAc}}{166{,}9 \text{ g AgAc}}}{0{,}2 \text{ L}} = 0{,}205 \text{ M}$$

$$K_{ps} = (0{,}25 - 0{,}205)^2 = 2{,}03 \cdot 10^{-3} \longrightarrow pK_{ps} = 2{,}7$$

4.11. A un matraz que contiene 0,5 L de agua le añadimos 14,0 gramos de $PbCl_2$ sólido ($pK_{ps} = 4{,}8$; M = 278,11 g/mol), pero no se consigue disolver todo.

a) Calcula los gramos de sólido que se han disuelto y las concentraciones en el equilibrio de los iones Pb^{2+} y Cl^-.

b) ¿Qué cantidad de agua necesitaríamos añadir a la mezcla anterior para conseguir una disolución saturada?

---

a) En primer lugar, calculamos la solubilidad molar del $PbCl_2$. El equilibrio correspondiente a la disolución del sólido es:

$$PbCl_2 \text{ (s)} \leftrightarrows Pb^{2+} \text{ (aq)} + 2Cl^- \text{ (aq)}$$

[eq]   –   s   2s

La expresión de la constante del producto de solubilidad es:

$$K_{ps} = [Pb^{2+}]\,[Cl^-]^2 = s \cdot (2s)^2 = 4s^3 \longrightarrow s = \sqrt[3]{K_{ps}/4}$$

$$s = \sqrt[3]{\frac{10^{-4{,}8}}{4}} = 0{,}0158 \text{ M}$$

En el equilibrio, $[Pb^{2+}] = s$ y $[Cl^-] = 2s$. Por tanto, $[Pb^{2+}] = 0,0158$ M y $[Cl^-] = 0,0316$ M.

La cantidad de sólido que se consigue disolver en 0,5 L es:

$$0,5 \text{ L} \cdot \frac{0,0158 \text{ mol PbCl}_2}{1 \text{ L}} \cdot \frac{278,11 \text{ g PbCl}_2}{1 \text{ mol PbCl}_2} = 2,20 \text{ g PbCl}_2$$

Es decir, quedan sin disolver 11,80 gramos.

b) Calculamos la cantidad de agua que haría falta añadir para disolver los 11,80 gramos de $PbCl_2$ restantes.

$$11,80 \text{ g PbCl}_2 \cdot \frac{1 \text{ mol PbCl}_2}{278,11 \text{ g PbCl}_2} \cdot \frac{1 \text{ L agua}}{0,0158 \text{ mol PbCl}_2} = 2,69 \text{ L agua}$$

4.12. A una disolución que contiene Ca^{2+} 0,1 M y Ba^{2+} 0,1 M, se le añade lentamente sulfato de sodio (Na_2SO_4). Los productos de solubilidad de los sulfatos de calcio y de bario son, respectivamente, $2,4 \cdot 10^{-5}$ y $1,1 \cdot 10^{-10}$.

a) ¿Cuál es la concentración de sulfato cuando precipita el primer sólido? ¿Cuál es ese sólido?

b) Sin tener en cuenta la dilución, calcula la concentración de Ba^{2+} cuando se inicia la precipitación del sulfato de calcio.

c) ¿Se podrían separar el Ca^{2+} y el Ba^{2+} por precipitación fraccionada de sulfatos?

---

a) El sulfato de sodio es una sal que en disolución acuosa se encuentra completamente ionizada:

$$Na_2SO_4 \text{ (s)} \longrightarrow 2Na^+ \text{ (aq)} + SO_4^{2-} \text{ (aq)}$$

A continuación, se plantean los equilibrios de solubilidad del sulfato de calcio y del sulfato de bario y se calcula la $[SO_4^{2-}]$ necesaria para que empiece a precipitar cada sólido:

$$CaSO_4 \text{ (s)} \leftrightarrows Ca^{2+} \text{ (aq)} + SO_4^{2-} \text{ (aq)}$$

$$BaSO_4 \text{ (s)} \leftrightarrows Ba^{2+} \text{ (aq)} + SO_4^{2-} \text{ (aq)}$$

- Sulfato de calcio:

$$K_{ps} = [Ca^{2+}][SO_4^{2-}] \longrightarrow [SO_4^{2-}] = \frac{K_{ps}}{[Ca^{2+}]}$$

$$[SO_4^{2-}]_{CaSO_4} = \frac{2{,}4 \cdot 10^{-5}}{0{,}1} = 2{,}4 \cdot 10^{-4} \text{ M}$$

- Sulfato de bario:

$$K_{ps} = [Ba^{2+}][SO_4^{2-}] \longrightarrow [SO_4^{2-}] = \frac{K_{ps}}{[Ba^{2+}]}$$

$$[SO_4^{2-}]_{BaSO_4} = \frac{1{,}1 \cdot 10^{-10}}{0{,}1} = 1{,}1 \cdot 10^{-9} \text{ M}$$

En vista de los valores, se concluye que precipitará antes el $BaSO_4$, ya que requiere menor cantidad de sulfato.

b) En este caso, hay que utilizar la K_{ps} del sulfato de bario, y poner la $[SO_4^{2-}]$ necesaria para que empiece a precipitar el sulfato de calcio (calculada en el apartado anterior):

$$[Ba^{2+}]_{CaSO_4} = \frac{K_{ps\,(BaSO_4)}}{[SO_4^{2-}]_{CaSO_4}} = \frac{1{,}1 \cdot 10^{-10}}{2{,}4 \cdot 10^{-4}} = 4{,}6 \cdot 10^{-7} \text{ M}$$

c) Los iones podrán separarse cuantitativamente si cuando el segundo sólido empieza a precipitar, el otro catión se encuentra prácticamente precipitado en su totalidad. Con el dato obtenido en el apartado anterior, vemos qué porcentaje de Ba^{2+} queda en disolución cuando el sulfato de calcio empieza a precipitar.

$$\% \, Ba^{2+} = \frac{[Ba^{2+}]_{CaSO_4}}{[Ba^{2+}]_i} \cdot 100 = \frac{4{,}6 \cdot 10^{-7}}{0{,}1} \cdot 100 = 4{,}6 \cdot 10^{-4} \, \%$$

Es decir, aproximadamente el 100 % del Ba^{2+} se encuentra como sólido ($BaSO_4$) cuando empieza a precipitar el $CaSO_4$. Por ello, los cationes sí pueden ser separados mediante precipitación fraccionada.

4.13. Se añade lentamente nitrato de plata sólido a un litro de disolución que contiene $[CrO_4^{2-}] = 0,01$ M y $[Br^-] = 0,01$ M. Suponiendo que el volumen total de la disolución no cambia:

a) Demuestra que el bromuro de plata precipitará primero.

b) ¿Cuánto bromuro quedará en disolución cuando empiece a precipitar el cromato de plata?

c) ¿Qué masa de bromuro de plata sólido se habrá formado entonces?

Datos: AgBr ($K_{ps} = 5 \cdot 10^{-13}$); Ag_2CrO_4 ($K_{ps} = 1,1 \cdot 10^{-12}$); M (AgBr) = 187,77 g/mol

a) El $AgNO_3$ es una sal que en disolución acuosa se encuentra completamente ionizada:

$$AgNO_3 \text{ (s)} \longrightarrow Ag^+ \text{ (aq)} + NO_3^- \text{ (aq)}$$

A continuación, se plantean los equilibrios de solubilidad del cromato de plata y del bromuro de plata, y se calcula la $[Ag^+]$ necesaria para que empiece a precipitar cada sólido:

$$Ag_2CrO_4 \text{ (s)} \leftrightarrows 2Ag^+ \text{ (aq)} + CrO_4^{2-} \text{ (aq)}$$

$$AgBr \text{ (s)} \leftrightarrows Ag^+ \text{ (aq)} + Br^- \text{ (aq)}$$

- Cromato de plata:

$$K_{ps} = [Ag^+]^2 [CrO_4^{2-}] \longrightarrow [Ag^+] = \sqrt{\frac{K_{ps}}{[CrO_4^{2-}]}}$$

$$[Ag^+]_{Ag_2CrO_4} = \sqrt{\frac{1,1 \cdot 10^{-12}}{0,01}} = 1,05 \cdot 10^{-5} \text{ M}$$

- Bromuro de plata:

$$K_{ps} = [Ag^+] [Br^-] \longrightarrow [Ag^+] = \frac{K_{ps}}{[Br^-]}$$

$$[Ag^+]_{AgBr} = \frac{5 \cdot 10^{-13}}{0,01} = 5 \cdot 10^{-11} \text{ M}$$

Tal y como se ve reflejado, la concentración de plata catiónica para que precipite el bromuro de plata es mucho más pequeña que la correspondiente para el cromato de plata. Por tanto, el AgBr precipita en primer lugar.

b) En este caso, hemos de utilizar la K_{ps} del bromuro de plata, y poner la $[Ag^+]$ necesaria para que empiece a precipitar el cromato de plata (calculada en el apartado anterior):

$$[Br^-]_{Ag_2CrO_4} = \frac{K_{ps\,(AgBr)}}{[Ag^+]_{Ag_2CrO_4}} = \frac{5 \cdot 10^{-13}}{1,05 \cdot 10^{-5}} = 4,8 \cdot 10^{-8} \text{ M}$$

Prácticamente ya no queda bromuro en disolución.

c) Sabiendo que en ese momento $[Ag^+] = 1,05 \cdot 10^{-5}$ M y que $[Br^-] = 4,8 \cdot 10^{-8}$ M, planteamos el siguiente equilibrio:

$$AgBr \text{ (s)} \leftrightarrows Ag^+ \text{ (aq)} + Br^- \text{ (aq)}$$

[i]   –   –   0,01

[eq] x $1,05 \cdot 10^{-5}$ $0,01 - x$

$$K_{ps} = [Ag^+]_{eq}\, [Br^-]_{eq} = (1,05 \cdot 10^{-5})\,(0,01 - x)$$

Sabemos que $(0,01 - x) = 4,8 \cdot 10^{-8}$. Por tanto $x \approx 0,01$ M

$$m = \frac{0,01 \text{ moles AgBr}}{1 \text{ L}} \cdot \frac{187,77 \text{ g AgBr}}{1 \text{ mol AgBr}} \cdot (1 \text{ L dis.}) = 1,88 \text{ g AgBr}$$

4.14. En un experimento se añade lentamente $CuNO_3$ (s) a un litro de disolución que contiene cloruros, $[Cl^-] = 0,05$ M, y yoduros, $[I^-] = 0,1$ M. Suponiendo que el volumen total de la disolución no cambia:

a) ¿Qué haluro precipitará antes, CuCl ($pK_{ps} = 6,7$) o CuI ($pK_{ps} = 12$)? Justifica la respuesta calculando la concentración necesaria de Cu^+ en cada caso.

b) ¿Qué concentración y porcentaje del haluro que precipita primero queda en la disolución cuando empieza a precipitar el segundo? ¿Se podrán separar los iones cuantitativamente?

a) El $CuNO_3$ es una sal que en disolución acuosa se encuentra completamente ionizada:

$$CuNO_3 \, (s) \longrightarrow Cu^+ \, (aq) + NO_3^- \, (aq)$$

A continuación, se plantean los equilibrios de solubilidad del cloruro de cobre(I) y del yoduro de cobre(I), y se calcula la $[Cu^+]$ necesaria para que empiece a precipitar cada sólido:

$$CuCl \, (s) \leftrightarrows Cu^+ \, (aq) + Cl^- \, (aq)$$

$$CuI \, (s) \leftrightarrows Cu^+ \, (aq) + I^- \, (aq)$$

- Cloruro de cobre(I):

$$K_{ps} = [Cu^+]\,[Cl^-] \longrightarrow [Cu^+]_{CuCl} = \frac{K_{ps}}{[Cl^-]} = \frac{10^{-6,7}}{0,05} = 4 \cdot 10^{-6} \, M$$

- Yoduro de cobre(I):

$$K_{ps} = [Cu^+]\,[I^-] \longrightarrow [Cu^+]_{CuI} = \frac{K_{ps}}{[I^-]} = \frac{10^{-12}}{0,1} = 10^{-11} \, M$$

Tal y como se ve reflejado, la concentración de Cu^+ para que precipite el yoduro de cobre(I) es mucho más pequeña que la correspondiente para el cloruro de cobre(I). Por tanto, el CuI precipita en primer lugar.

b) En este caso, hemos de utilizar la K_{ps} del CuI, y poner la $[Cu^+]$ necesaria para que empiece a precipitar el CuCl (calculada en el apartado anterior):

$$[I^-]_{CuCl} = \frac{K_{ps \, (CuI)}}{[Cu^+]_{CuCl}} = \frac{10^{-12}}{4 \cdot 10^{-6}} = 2,5 \cdot 10^{-7} \, M$$

Prácticamente ya no queda yoduro en disolución. Calculamos el porcentaje:

$$\% \, I^- = \frac{[I^-]_{CuCl}}{[I^-]_i} \cdot 100 = \frac{2,5 \cdot 10^{-7}}{0,1} \cdot 100 = 2,5 \cdot 10^{-4} \, \%$$

Es decir, aproximadamente el 100 % del I^- se encuentra como sólido (CuI) cuando empieza a precipitar el CuCl. Por ello, los aniones sí pueden separarse cuantitativamente.

4.15. Para abastecer de agua potable a un pueblo se ha encontrado un acuífero en el que las paredes están compuestas de yeso. Por lo tanto, el agua de este acuífero está saturada en sulfato de calcio ($CaSO_4$).

a) ¿Cuántos gramos de Ca^{2+} (aq) hay presentes en 100 L de agua del acuífero?

b) Si el nivel máximo permitido de Ca^{2+} en el agua de consumo es de 200 ppm, ¿cuántos gramos de Ca^{2+} (aq) puede haber como máximo en 100 L de agua del acuífero?

c) Las zeolitas son unos compuestos que pueden atrapar cationes como el Ca^{2+} y, de este modo, reducir la cantidad de Ca^{2+} presente en el agua. Si 1 gramo de zeolita atrapa 30 mg de Ca^{2+}, ¿cuántos gramos de zeolita son necesarios para tratar 100 L del agua procedente del acuífero y que esta cumpla con las exigencias?

Datos: pK_{ps} ($CaSO_4$) = 4,2; M (Ca^{2+}) = 40,1 g/mol

(Adaptado de la Olimpiada Química Local de Madrid 2017)

a) Para ello, debemos calcular la solubilidad del sulfato de calcio con los datos que nos proporciona el problema. En primer lugar, planteamos el equilibrio correspondiente a la disolución del $CaSO_4$ (s):

$$CaSO_4 \text{ (s)} \rightleftharpoons Ca^{2+} \text{ (aq)} + SO_4^{2-} \text{ (aq)}$$

[eq]　　　　　–　　　　　s　　　　　s

Por tanto, la expresión de la constante del producto de solubilidad es:

$$K_{ps} = [Ca^{2+}][SO_4^{2-}] = s \cdot s = s^2 \longrightarrow s = \sqrt{K_{ps}}$$

Calculamos la solubilidad molar:

$$s = \sqrt{10^{-4,2}} = 7,94 \cdot 10^{-3} \text{ M} = [Ca^{2+}]$$

Por último, se convierte este valor a unidades de g/L y se multiplica por el volumen de agua (100 L):

$$\frac{7,94 \cdot 10^{-3} \text{ mol } Ca^{2+}}{1 \text{ L}} \cdot \frac{40,1 \text{ g } Ca^{2+}}{1 \text{ mol } Ca^{2+}} \cdot 100 \text{ L} = 31,84 \text{ g } Ca^{2+}$$

b) Sabiendo que 1 ppm = 1mg/L, hacemos el cálculo correspondiente:

$$\frac{200 \text{ mg Ca}^{2+}}{1 \text{ L}} \cdot \frac{1 \text{ g Ca}^{2+}}{10^3 \text{ mg Ca}^{2+}} \cdot 100 \text{ L} = 20 \text{ g Ca}^{2+} \text{ como máximo}$$

c) Para cumplir la normativa, hay que calcular la cantidad de Ca^{2+} en exceso, es decir, los gramos que necesitamos eliminar con las zeolitas:

$$31,84 \text{ g} - 20 \text{ g} = 11,84 \text{ g } Ca^{2+} \text{ en exceso}$$

$$11,84 \text{ g Ca}^{2+} \cdot \frac{10^3 \text{ mg Ca}^{2+}}{1 \text{ g Ca}^{2+}} \cdot \frac{1 \text{ g zeolita}}{30 \text{ mg Ca}^{2+}} = 395 \text{ g zeolita}$$

4.16. La hidrólisis de un ácido débil poco soluble (abreviado como HA, y de masa molar M = 214,50 g/mol) puede representarse mediante la siguiente ecuación:

$$HA \text{ (s)} + H_2O \text{ (l)} \leftrightarrows H_3O^+ \text{ (aq)} + A^- \text{ (aq)}$$

a) Calcula el pK_a del ácido sabiendo que 431 mg de HA saturan 100 mL de agua.

b) Calcula el pH de una disolución saturada de HA.

c) A 100 mL de una disolución saturada de HA le añadimos otros 100 mL de agua y obtenemos una disolución insaturada. Calcula el pH de la nueva disolución considerando que el equilibrio de disociación ahora puede escribirse como:

$$HA \text{ (aq)} + H_2O \text{ (l)} \leftrightarrows H_3O^+ \text{ (aq)} + A^- \text{ (aq)}$$

---

a) Si nos fijamos en la ecuación, se observa que, para este caso en concreto, la constante de equilibrio ácido-base (K_a) coincide con la constante del producto de solubilidad (K_{ps}), puesto que HA aparece como sólido y, por tanto, no debe incluirse en la expresión de la constante.

$$HA \text{ (s)} + H_2O \text{ (l)} \leftrightarrows H_3O^+ \text{ (aq)} + A^- \text{ (aq)}$$

[eq]   –   –   s   s

Por tanto, la expresión de la constante es:

$$K_a = K_{ps} = [H_3O^+][A^-] = s \cdot s = s^2$$

Podemos calcular la solubilidad molar, ya que se trata de la cantidad del ácido disuelto en una disolución saturada:

$$s = \frac{431 \text{ mg HA}}{100 \text{ mL}} \cdot \frac{10^3 \text{ mL}}{1 \text{ L}} \cdot \frac{1 \text{ g HA}}{10^3 \text{ mg HA}} \cdot \frac{1 \text{ mol HA}}{214{,}50 \text{ g HA}} = 0{,}02 \text{ M}$$

Sustituyendo el valor de la solubilidad molar en la expresión de K_a:

$$K_a = s^2 = (0{,}02)^2 = 4 \cdot 10^{-4} \quad \longrightarrow \quad pK_a = -\log (4 \cdot 10^{-4}) = 3{,}4$$

b) Del apartado anterior,

$$[H_3O^+] = s = 0{,}02 \text{ M} \quad \longrightarrow \quad pH = -\log [H_3O^+] = 1{,}70$$

c) El cálculo se aborda como un problema de ácido-base común. En primer lugar, se calcula la nueva concentración inicial de HA:

$$[HA]_t = \frac{\text{moles HA}}{V_{\text{Total}}} = \frac{(0{,}1 \text{ L}) \cdot (0{,}02 \text{ M})}{0{,}2 \text{ L}} = 0{,}01 \text{ M}$$

El equilibrio correspondiente es:

$$HA \text{ (aq)} + H_2O \text{ (l)} \leftrightarrows H_3O^+ \text{ (aq)} + A^- \text{ (aq)}$$

[i]	0,01	–	–	–
[eq]	0,01 − x	–	x	x

Ahora, [HA] sí que debe incluirse en la expresión de la constante de equilibrio, puesto que el estado de agregación ya no es sólido, sino acuoso:

$$K_a = \frac{[H_3O^+] [A^-]}{[HA]} = \frac{x^2}{0{,}01 - x} = 4 \cdot 10^{-4}$$

$$x^2 + (4 \cdot 10^{-4})x - (4 \cdot 10^{-6}) = 0 \quad \longrightarrow \quad x = 1{,}8 \cdot 10^{-3}$$

$$pH = -\log [H_3O^+] = -\log x = 2{,}74$$

CAPÍTULO V
Electroquímica

CONCEPTOS TEÓRICOS

5.1. Semirreacciones y electrodos

En una reacción redox se transfieren electrones desde un agente *reductor* (reduce a la otra especie y él *se oxida*) a un agente *oxidante* (oxida a la otra especie y él *se reduce*). En la oxidación se pierden electrones (se aumenta el número de oxidación), mientras que en la reducción se ganan electrones (se disminuye el número de oxidación):

$$\text{oxidante}^{m+} + ne^- \leftrightarrows \text{reductor}^{m-n}$$

donde ne^- es el número de electrones transferidos, que depende del número de oxidación del oxidante. Al conjunto oxidante/reductor se le conoce como un *par redox*.

5.2. Semirreacciones y electrodos

Un *electrodo* (también denominado *semipila*) es el conjunto formado por un conductor y el electrolito con el que está en contacto. Una celda electroquímica está compuesta por:

- *Cátodo* (donde ocurre la reducción).

- *Ánodo* (donde ocurre la oxidación).

De forma genérica, para una reacción tenemos:

Cátodo	Ánodo
$Ox_1 + ne^- \leftrightarrows Red_1$	$Red_2 \leftrightarrows Ox_2 + ne^-$

La reacción global sería la suma de la semirreacción de reducción (cátodo) y la semirreacción de oxidación (ánodo):

$$Ox_1 + Red_2 \leftrightarrows Red_1 + Ox_2$$

La notación de pila redox se utiliza para representar de manera concisa las reacciones que tienen lugar en una celda electroquímica. En esta notación, se escriben las dos semirreacciones (oxidación y reducción) que ocurren en las celdas electroquímicas separadas por dos barras verticales (‖) que indican la interfaz entre los dos electrodos. La dirección del flujo de electrones va desde el lado del agente oxidante hacia el lado del agente reductor.

$$\text{Ánodo}\|\text{Cátodo}$$

$$Red_2|Ox_2\|Ox_1|Red_1$$

Los electrodos metálicos del cátodo y el ánodo están conectados por un cable conductor de electrones, que van del ánodo al cátodo (de menos a más potencial). Los electrodos están sumergidos en el electrolito y se encuentran separados por un puente salino por el que cierran el circuito los portadores de carga iónicos (cationes al cátodo y aniones al ánodo).

La diferencia entre una celda electrolítica y una celda galvánica es que en la primera la reacción es no espontánea y es necesario aportar electrones, mientras que la segunda es espontánea y además genera electrones.

5.3. Potencial de celda

El potencial de la celda electroquímica (ε) se calcula como la diferencia de los potenciales de reducción del cátodo ($\varepsilon_{cát}$) y del ánodo ($\varepsilon_{án}$), en este orden. La diferencia de potencial entre estos dos electrodos (operando reversiblemente) también se conoce como fuerza electromotriz (fem), para una intensidad eléctrica nula:

$$\varepsilon = \varepsilon_{\text{cát}} - \varepsilon_{\text{án}} = \varepsilon^\circ - \frac{R\,T}{n\,F}\,\ln(Q)$$

donde R es la constante de los gases ideales (8,314 J mol^{-1} K^{-1}), F es la constante de Faraday (96.485 C/mol e$^-$), n es el número de electrones intercambiados y Q, el cociente de reacción (ratio entre los productos y los reactivos). Para la reacción: $a\text{Ox}_1 + b\text{Red}_2 \leftrightarrows c\text{Red}_1 + d\text{Ox}_2$, el valor del cociente de reacción es:

$$Q = \frac{[\text{Red}_1]^c[\text{Ox}_2]^d}{[\text{Ox}_1]^a[\text{Red}_2]^b}$$

El trabajo máximo (de no expansión), W, asociado a esta diferencia de potencial ε se define como:

$$W = \Delta G = -n\,F\,\varepsilon = \Delta G^\circ + R\,T\,\ln(Q)$$

donde W se mide en J, mientras que ε se mide en V o en J/C. Se pueden dar dos circunstancias: *i)* que $\varepsilon > 0$, lo que implica que $\Delta G < 0$ y por tanto la reacción es espontánea; *ii)* o bien que el $\varepsilon < 0$, que implica que $\Delta G > 0$ y por tanto la reacción no es espontánea.

RESOLUCIÓN DE PROBLEMAS

5.1. Contesta las siguientes cuestiones:

a) ¿Cuál es la diferencia entre una celda galvánica y una electrolítica? ¿En cuál tendrá lugar una reacción con $\Delta G > 0$, y con $\Delta G < 0$?

b) Para una determinada reacción electroquímica, ¿podrá variar el potencial de celda si variamos las concentraciones de las especies presentes en el equilibrio? Justifica tu respuesta con la ecuación correspondiente.

---

a) En una celda galvánica se produce electricidad como resultado de reacciones espontáneas. Por tanto, $\Delta G < 0$. No obstante, en una celda electrolítica hay que aportar electricidad para que tenga lugar la reacción no espontánea (es decir, $\Delta G > 0$).

b) Según la ecuación de Nernst, si variamos las concentraciones, el valor de Q también lo hará y, por tanto, se verá afectado el potencial de celda ε.

$$\varepsilon = \varepsilon° - \frac{R\,T}{n\,F}\,\ln(Q)$$

5.2. ¿Cuál de las siguientes reacciones, en condiciones estándar, tendrá lugar de forma espontánea si se sabe que $\varepsilon°_{Fe^{3+}/Fe^{2+}} = 0{,}77$ V y $\varepsilon°_{I_2/2I^-} = 0{,}54$ V?

a) $2Fe^{3+} + 2I^- \leftrightarrows 2Fe^{2+} + I_2$

b) $2Fe^{2+} + I_2 \leftrightarrows 2Fe^{3+} + 2I^-$

---

a) Las semirreacciones que tienen lugar en los electrodos son:

Cátodo (red): $2\,[Fe^{3+} + e^- \leftrightarrows Fe^{2+}]$

Ánodo (ox): $2I^- \leftrightarrows I_2 + 2e^-$

$$2Fe^{3+} + 2I^- \leftrightarrows 2Fe^{2+} + I_2$$

El potencial de celda estándar se calcula mediante la siguiente expresión:

$$\varepsilon^{\circ} = \varepsilon^{\circ}_{cát} - \varepsilon^{\circ}_{án}$$

Para este caso,

$$\varepsilon^{\circ} = \varepsilon^{\circ}_{Fe^{3+}/Fe^{2+}} - \varepsilon^{\circ}_{I_2/2I^-} = 0,77 - 0,54 = 0,23 \text{ V}$$

Como $\varepsilon^{\circ} > 0$, y dado que $\Delta G^{\circ} = -n F \varepsilon^{\circ}$, el valor de la energía de Gibbs estándar, ΔG°, será < 0 y se tratará de un proceso espontáneo.

b) Las semirreacciones que tienen lugar en los electrodos son:

Cátodo (red): $\qquad I_2 + 2e^- \leftrightarrows 2I^-$

Ánodo (ox): $\qquad 2 [Fe^{2+} \leftrightarrows Fe^{3+} + e^-]$

$$\overline{\qquad\qquad 2Fe^{2+} + I_2 \leftrightarrows 2Fe^{3+} + 2I^- \qquad\qquad}$$

El potencial de celda estándar se calcula mediante la expresión:

$$\varepsilon^{\circ} = \varepsilon^{\circ}_{cát} - \varepsilon^{\circ}_{án}$$

Para este caso,

$$\varepsilon^{\circ} = \varepsilon^{\circ}_{I_2/2I^-} - \varepsilon^{\circ}_{Fe^{3+}/Fe^{2+}} = 0,54 - 0,77 = -0,23 \text{ V}$$

Como $\varepsilon^{\circ} < 0$, y dado que $\Delta G^{\circ} = -n F \varepsilon^{\circ}$, el valor de la energía de Gibbs estándar, ΔG°, será > 0 y se tratará de un proceso no espontáneo.

5.3. Para la reacción $2Fe^{3+} + Fe \leftrightarrows 3Fe^{2+}$, que resulta de la transferencia de electrones entre los pares:

$$Fe^{3+} + e^- \leftrightarrows Fe^{2+}, \qquad \varepsilon^{\circ} = 0,77 \text{ V}$$

$$Fe^{2+} + 2e^- \leftrightarrows Fe, \qquad \varepsilon^{\circ} = -0,44 \text{ V}$$

a) Calcula la constante de equilibrio a 25 °C.

b) ¿Cuáles son las concentraciones de las especies en el equilibrio cuando a un litro de disolución 0,2 M de Fe^{3+} se le añaden 0,5 moles de Fe (s)?

Datos: $R = 8,314 \text{ J mol}^{-1} \text{ K}^{-1}$; $F = 96.485 \text{ C/mol e}^-$

a) Las semirreacciones que tienen lugar en los electrodos son:

Cátodo (red): $\quad 2\,[Fe^{3+} + e^- \leftrightarrows Fe^{2+}]$

Ánodo (ox): $\quad\quad Fe \leftrightarrows Fe^{2+} + 2e^-$

$$2Fe^{3+} + Fe \leftrightarrows 3Fe^{2+}$$

En primer lugar, calculamos el potencial de celda estándar:

$$\varepsilon^\circ = \varepsilon^\circ{}_{cát} - \varepsilon^\circ{}_{án} = 0{,}77 - (-0{,}44) = 1{,}21\ V$$

Como $\varepsilon^\circ > 0$, se trata de un proceso espontáneo. A continuación, calculamos la constante de equilibrio haciendo uso de la siguiente relación:

$$\Delta G^\circ = -n\,F\,\varepsilon^\circ = -R\,T\,\ln(K_{eq})$$

Reorganizamos la expresión y sustituimos los valores:

$$\ln(K_{eq}) = \frac{n\,F\,\varepsilon^\circ}{R\,T} = \frac{2 \cdot 96.485 \cdot 1{,}21}{8{,}314 \cdot 298} = 94{,}24$$

De modo que, $K_{eq} = e^{94{,}24} = 8{,}5 \cdot 10^{40}$

b) El equilibrio correspondiente a la reacción de comproporción (un elemento pasa de tener dos estados de oxidación diferentes a uno único) es:

$$2Fe^{3+}(aq) + Fe\,(s) \leftrightarrows 3Fe^{2+}(aq)$$

[i] $\quad\quad$ 0,2 $\quad\quad\quad$ – $\quad\quad\quad$ –

[eq] $\quad$ 0,2 – 2x $\quad\quad$ – $\quad\quad\quad$ 3x

La expresión de la constante de equilibrio viene determinada por:

$$K_{eq} = \frac{[Fe^{2+}]^3}{[Fe^{3+}]^2} = \frac{(3x)^3}{(0{,}2 - 2x)^2} = \frac{27x^3}{4x^2 - 0{,}8x + 0{,}04} = 8{,}5 \cdot 10^{40}$$

Desarrollando la expresión se obtiene la siguiente ecuación de tercer grado:

$$27x^3 - (3{,}4 \cdot 10^{41})x^2 + (6{,}8 \cdot 10^{40})x - 3{,}4 \cdot 10^{39} = 0$$

Resolviendo se obtiene que $x \approx 0{,}1\ M$, un valor que tiene sentido ya que, dado que la constante de equilibrio es tan alta, la reacción se encuentra totalmente desplazada hacia la formación de productos (podemos hablar de reacción estequiométrica) y todo el Fe^{3+} se consume. En el equilibrio, los valores de las especies son:

$$[Fe^{3+}] = 0 \text{ M} \qquad [Fe^{2+}] = 0,3 \text{ M}$$

5.4. A 25 °C una lámina de plata se sumerge en una disolución de iones Fe^{3+} y Fe^{2+} ambos 1 M.

a) ¿Hay reacción? En caso afirmativo, calcula la concentración de las especies acuosas en el equilibrio.

b) ¿Qué pasaría si la lámina fuera de platino en vez de plata?

Datos: $\varepsilon°_{Fe^{3+}/Fe^{2+}} = 0,77$ V; $\varepsilon°_{Ag^+/Ag} = 0.80$ V; $\varepsilon°_{Pt^{2+}/Pt} = 1,20$ V;

$R = 8,314$ J mol^{-1} K^{-1}; $F = 96.485$ C/mol e$^-$

---

a) Las semirreacciones que tienen lugar en los electrodos son:

Cátodo (red): $\qquad\qquad\qquad Ag \leftrightarrows Ag^+ + e^-$

Ánodo (ox): $\qquad\qquad\qquad Fe^{3+} + e^- \leftrightarrows Fe^{2+}$

$$Ag \text{ (s)} + Fe^{3+} \text{ (aq)} \leftrightarrows Ag^+ \text{ (aq)} + Fe^{2+} \text{ (aq)}$$

[i]	–	1	–	1
[eq]	–	$1 - x$	x	$1 + x$

El potencial de celda estándar viene dado por:

$$\varepsilon° = \varepsilon°_{cát} - \varepsilon°_{án} = 0,77 - 0,80 = -0,03 \text{ V}$$

Como se puede observar, nos encontramos ante un caso en el que $\varepsilon° \approx 0$, por tanto, aunque $\varepsilon°$ tenga un valor negativo, es despreciable, y la reacción puede tener lugar. Se procede con el cálculo la constante de equilibrio haciendo uso de la siguiente relación:

$$\Delta G° = -n F \varepsilon° = -R T \ln(K_{eq})$$

Reorganizamos la expresión y sustituimos los valores:

$$\ln \left(K_{eq}\right) = \frac{n\,F\,\varepsilon^\circ}{R\,T} = \frac{1 \cdot 96.485 \cdot (-0,03)}{8,314 \cdot 298} = -1,168$$

De modo que, $K_{eq} = e^{-1,168} = 0,311$. Una vez obtenido el valor de la constante, podemos calcular las concentraciones de las diferentes especies químicas tras alcanzar el equilibrio.

$$K_{eq} = \frac{[Ag^+]\,[Fe^{2+}]}{[Fe^{3+}]} = \frac{x\,(1+x)}{1-x} = 0,311$$

Desarrollando la expresión se obtiene que:

$$x^2 + 1,311x - 0,311 = 0 \quad\longrightarrow\quad x = 0,205$$

Por tanto, las concentraciones en el equilibrio son:

$$[Fe^{3+}] = 0,795\,M \qquad [Ag^+] = 0,205\,M \qquad [Fe^{2+}] = 1,205\,M$$

b) Planteamos las semirreacciones que tienen lugar en los electrodos, pero ahora utilizando platino en vez de plata:

Cátodo (red): $\qquad\qquad\qquad Pt \leftrightarrows Pt^{2+} + 2e^-$

Ánodo (ox): $\qquad\qquad\qquad 2\,[Fe^{3+} + e^- \leftrightarrows Fe^{2+}]$

$$\overline{Pt\,(s) + 2Fe^{3+}\,(aq) \leftrightarrows Pt^{2+}\,(aq) + 2Fe^{2+}\,(aq)}$$

Se calcula el potencial de celda estándar:

$$\varepsilon^\circ = \varepsilon^\circ_{cát} - \varepsilon^\circ_{án} = 0,77 - 1,20 = -0,43\,V$$

En este caso, $\varepsilon^\circ \not\approx 0$, y el valor negativo hace que la reacción no sea espontánea ($\Delta G^\circ > 0$) y, como resultado, la lámina de Pt es inerte y no se disuelve en el medio ferroso.

5.5. Calcula $\varepsilon^\circ_{AgCl(s)/Ag,Cl^-}$ sabiendo que $\varepsilon^\circ_{Ag^+/Ag} = 0,80$ V y que pK_{ps} (AgCl) = 9,7.

Datos: $R = 8,314$ J mol^{-1} K^{-1}; $F = 96.485$ C/mol e$^-$

En primer lugar, combinamos las siguientes semirreacciones con el fin de obtener la reacción de interés. Cada reacción tiene asociado un potencial de estándar y una energía de Gibbs diferente:

$$Ag^+ (aq) + e^- \leftrightarrows Ag (s) \qquad \varepsilon^\circ_1 = 0,80 \text{ V} \qquad \Delta G^\circ_1$$

$$AgCl (s) \leftrightarrows Ag^+ (aq) + Cl^- (aq) \qquad \varepsilon^\circ_2 = ? \qquad \Delta G^\circ_2$$

$$\overline{AgCl (s) + e^- \leftrightarrows Ag (s) + Cl^-} \qquad \varepsilon^\circ_3 = ? \qquad \Delta G^\circ_3$$

El cálculo del potencial $\varepsilon^\circ_{AgCl(s)/Ag,Cl^-}$ no es directo. Es decir, no se puede calcular como la suma de los potenciales de las dos semirreacciones involucradas ($\varepsilon^\circ_3 \neq \varepsilon^\circ_1 + \varepsilon^\circ_2$), sino que es necesario recurrir a la energía de Gibbs. La energía de Gibbs de la reacción global se calcula mediante la siguiente expresión:

$$\Delta G^\circ_3 = \Delta G^\circ_1 + \Delta G^\circ_2$$

Puesto que sabemos que $\Delta G^\circ = -n F \varepsilon^\circ = -R T \ln(K_{eq})$, se procede a calcular cada valor de energía con los datos del problema:

$$\Delta G^\circ_1 = -1 \cdot 96.485 \cdot 0,80 = -77.188 \text{ J/mol}$$

$$\Delta G^\circ_2 = -8,314 \cdot 298 \cdot \ln(10^{-9,7}) = 55.337 \text{ J/mol}$$

$$\Delta G^\circ_3 = -77.188 + 55.337 = -21.851 \text{ J/mol}$$

Y dado que $\Delta G^\circ_3 = -n F \varepsilon^\circ_3$

$$-21.851 = -1 \cdot 96.485 \cdot \varepsilon^\circ_{AgCl(s)/Ag,Cl^-} \longrightarrow \varepsilon^\circ_{AgCl(s)/Ag,Cl^-} = 0,226$$

5.6. Para calcular el pK_{ps} del AgCl se construye una pila de concentración empleando una disolución $AgNO_3$ 1 M y Ag en un electrodo, y NaCl 1 M con exceso de AgCl (s) y Ag en el otro. A 25 °C el potencial medido es de 0,58 V. Calcula el pK_{ps} si $\varepsilon°_{AgCl(s)/Ag,Cl^-} = 0,226$ V y $\varepsilon°_{Ag^+/Ag} = 0,80$ V.

Datos: $R = 8,314$ J mol^{-1} K^{-1}; $F = 96.485$ C/mol e^-

Aunque el enunciado sea muy semejante al problema anterior, la forma de resolución sigue otra dinámica bastante diferente. Se plantean las semirreacciones involucradas:

Cátodo (red): $\quad Ag^+$ (aq) $+ e^- \leftrightarrows Ag$ (s)

Ánodo (ox): $\quad Ag$ (s) $+ Cl^- \leftrightarrows AgCl$ (s) $+ e^-$

$$\overline{Ag^+ \text{ (aq)} + Cl^- \text{(aq)} \leftrightarrows AgCl \text{ (s)}}$$

En este caso, vemos que en ambas semirreacciones hay transferencia de electrones. Por tanto, se puede calcular el potencial de celda estándar:

$$\varepsilon° = \varepsilon°_{cát} - \varepsilon°_{án} = 0,80 - 0,226 = 0,574 \text{ V}$$

Por otro lado, se observa que la reacción global es la inversa del equilibrio correspondiente a la disolución del AgCl (s):

$$AgCl \text{ (s)} \leftrightarrows Ag^+ \text{ (aq)} + Cl^-\text{(aq)}$$

De modo que la expresión de la constante de la reacción global es:

$$K_{eq} = \frac{1}{[Ag^+]\,[Cl^-]} = \frac{1}{K_{ps}}$$

Se puede expresar que la energía de Gibbs es, por tanto,

$$\Delta G° = -n\,F\,\varepsilon° = -R\,T\,\ln(K_{eq}) = -R\,T\,\ln\left(\frac{1}{K_{ps}}\right) = R\,T\,\ln(K_{ps})$$

$$-1 \cdot 96.485 \cdot 0,574 = 8,314 \cdot 298 \cdot \ln(K_{ps})$$

$$\ln(K_{ps}) = -22,35 \quad\longrightarrow\quad K_{ps} = 1,96 \cdot 10^{-10} \quad\longrightarrow\quad pK_{ps} = 9,7$$

5.7. Calcula $\varepsilon°_{O_2(g)/H_2O(l)}$ sabiendo que $\Delta G°_f (H_2O, l) = -237,0$ kJ/mol y considerando las siguientes reacciones:

$$O_2 \text{ (g)} + 4H^+ + 4e^- \rightarrow 2H_2O \text{ (l)}$$

$$H_2 \text{ (g)} + \frac{1}{2}O_2 \text{ (g)} \rightarrow H_2O \text{ (l)}$$

Dato: $F = 96.485$ C/mol e^-

La energía de Gibbs estándar de formación, $\Delta G°_f$, se define como la energía que se libera al formarse un mol de compuesto a partir de sus elementos constituyentes en su estado natural. Combinamos las siguientes semirreacciones con el fin de obtener la reacción de interés. Cada reacción tiene asociado un potencial de estándar y una energía de Gibbs diferente:

$$O_2 \text{ (g)} + 4H^+ + 4e^- \rightarrow 2H_2O \text{ (l)} \qquad \varepsilon°_1 = ? \qquad \Delta G°_1$$

$$2\,[H_2 \text{ (g)} \rightarrow 2H^+ + 2e^-] \qquad \varepsilon°_2 = 0 \text{ V} \qquad \Delta G°_2 = 0$$

$$\overline{O_2 \text{ (g)} + 2H_2 \text{ (g)} \rightarrow 2H_2O \text{ (l)}} \qquad \varepsilon°_3 = ? \qquad \Delta G°_3 = 2\Delta G°_f$$

$\varepsilon°_2 = 0$ V, ya que se trata del potencial de reducción estándar de hidrógeno y, como $\Delta G° = -n\,F\,\varepsilon°$, $\Delta G°_2 = 0$. Se observa que, para la segunda semirreacción, la energía de Gibbs está multiplicada por 2 puesto que para obtener la reacción global ha sido necesario multiplicar esta semirreacción también por 2. Por otro lado, como en la reacción global se obtienen 2 moles de H_2O (l), y $\Delta G°_f$ se define para la obtención de 1 mol de producto, $\Delta G°_3 = 2\Delta G°_f$.

La energía de Gibbs de la reacción global se calcula mediante la siguiente expresión:

$$\Delta G°_3 = 2\Delta G°_f = \Delta G°_1 + \Delta G°_2 = \Delta G°_1, (\Delta G°_2 = 0)$$

Se sustituyen las expresiones según los valores del enunciado:

$$\Delta G°_1 = 2\Delta G°_f = 2 \cdot (-237 \cdot 10^3) = -474.000 \text{ J/mol}$$

$$\Delta G°_1 = -n\,F\,\varepsilon°_3 \qquad \longrightarrow \qquad -474.000 = -4 \cdot 96.485 \cdot \varepsilon°_3$$

$$\varepsilon°_3 = \varepsilon°_{O_2(g)/H_2O(l)} = 1,228 \text{ V}$$

5.8. Se construye una pila sumergiendo un electrodo de Ag en una disolución de Ag^+ 0,02 M y uno de Cu en una de Cu^+ 0,05 M. Calcula el voltaje de la pila a 25 °C.

Datos: $\varepsilon°_{Cu^{2+}/Cu} = 0,337$ V; $\varepsilon°_{Cu^{2+}/Cu^+} = 0,153$ V; $\varepsilon°_{Ag^+/Ag} = 0,779$ V

En primer lugar, se calcula el potencial $\varepsilon°_{Cu^+/Cu}$ con los datos facilitados. Para ello, se combinan las siguientes semirreacciones con el fin de obtener la reacción de interés (asociada al par redox Cu^+/Cu).

$$Cu^+ \text{ (aq)} \leftrightarrows Cu^{2+} \text{ (aq)} + e^- \qquad -\Delta G°_1$$

$$Cu^{2+} \text{ (aq)} + 2e^- \leftrightarrows Cu \text{ (s)} \qquad \Delta G°_2$$

$$\overline{Cu^+\text{(aq)} + e^- \leftrightarrows Cu \text{ (s)} \qquad \Delta G°_3}$$

Cabe destacar que la primera semirreacción tiene asociada una energía de Gibbs de signo opuesto a $\Delta G°_1$, ya que por convenio la energía de Gibbs se define considerando el sentido de reducción puesto que definimos potenciales estándar de reducción (y no de oxidación):

$$Cu^{2+} \text{ (aq)} + e^- \leftrightarrows Cu^+ \text{ (aq)} \qquad \Delta G°_1 \equiv \Delta G°_{1,red} = -n\,F\,\varepsilon°_{1,red}$$

De modo que para la reacción global se puede definir que

$$\Delta G°_3 = -\Delta G°_1 + \Delta G°_2$$

Aplicando la relación $\Delta G° = -n\,F\,\varepsilon°$ se obtiene la siguiente expresión para el cálculo de $\varepsilon°_{Cu^+/Cu}$:

$$-1 \cdot F \cdot \varepsilon°_{Cu^+/Cu} = +1 \cdot F \cdot \varepsilon°_{Cu^{2+}/Cu^+} - 2 \cdot F \cdot \varepsilon°_{Cu^{2+}/Cu}$$

$$-\varepsilon°_{Cu^+/Cu} = 0,153 - 2 \cdot 0,337 \quad \longrightarrow \quad \varepsilon°_{Cu^+/Cu} = 0,521 \text{ V}$$

Comparando los valores de los potenciales $\varepsilon°_{Ag^+/Ag}$ (0,779 V) y $\varepsilon°_{Cu^+/Cu}$ (0,521 V) se deduce que el cátodo (reducción) estará formado por el par redox Ag^+/Ag porque presenta un potencial mayor.

A continuación, se plantean las semirreacciones que tienen lugar en cada uno de los electrodos:

Cátodo (red): $\qquad$ Ag^+ (aq) $+ e^- \leftrightarrows Ag$ (s)

Ánodo (ox): $\qquad$ Cu (s) $\leftrightarrows Cu^+$(aq) $+ e^-$

$$Ag^+ \text{ (aq)} + Cu \text{ (s)} \leftrightarrows Ag \text{ (s)} + Cu^+\text{(aq)}$$

Se calcula el potencial de celda estándar como:

$$\varepsilon^\circ = \varepsilon^\circ_{cát} - \varepsilon^\circ_{án} = 0{,}779 - 0{,}521 = 0{,}258 \text{ V}$$

Aplicamos la ecuación de Nernst para contemplar el efecto de las concentraciones de los diferentes iones:

$$\varepsilon = \varepsilon^\circ - \frac{0{,}0591}{n} \log(Q) = \varepsilon^\circ - \frac{0{,}0591}{1} \log \frac{[Cu^+]}{[Ag^+]}$$

$$\varepsilon = 0{,}258 - 0{,}0591 \cdot \log \left(\frac{0{,}05}{0{,}02}\right) \quad \longrightarrow \quad \varepsilon = 0{,}234 \text{ V}$$

5.9. Calcula el voltaje que se obtendría al construir una pila a temperatura ambiente con los siguientes electrodos: Am° (s) $\mid Am^{4+}$ (aq, 0,001 M) y Cl^- (aq, 0,002 M) $\mid Cl_2$ (g, 1 atm). Considera la presión de Cl_2 constante.

Datos: $\varepsilon^\circ_{Cl_2/Cl^-} = 1{,}36$ V; $\varepsilon^\circ_{Am^{4+}/Am^{3+}} = 2{,}60$ V; $\varepsilon^\circ_{Am^{3+}/Am^{2+}} = -2{,}30$ V;
$\varepsilon^\circ_{Am^{2+}/Am} = -1{,}90$ V

En primer lugar, necesitamos calcular el valor de $\varepsilon^\circ_{Am^{4+}/Am}$ con los datos proporcionados. Para ello, se plantean las siguientes reacciones:

Am^{4+} (aq) $+ e^- \leftrightarrows Am^{3+}$ (aq) $\qquad \Delta G^\circ_1 = -F \, \varepsilon^\circ_{Am^{4+}/Am^{3+}}$

Am^{3+} (aq) $+ e^- \leftrightarrows Am^{2+}$ (aq) $\qquad \Delta G^\circ_2 = -F \, \varepsilon^\circ_{Am^{3+}/Am^{2+}}$

Am^{2+} (aq) $+ 2e^- \leftrightarrows Am$ (s) $\qquad \Delta G^\circ_3 = -2 \, F \, \varepsilon^\circ_{Am^{2+}/Am}$

$$Am^{4+} \text{ (aq)} + 4e^- \leftrightarrows Am \text{ (s)} \qquad \Delta G^\circ_4 = -4 \, F \, \varepsilon^\circ_{Am^{4+}/Am}$$

La energía de Gibbs de la reacción de interés, la podemos calcular como:

$$\Delta G^\circ_4 = \Delta G^\circ_1 + \Delta G^\circ_2 + \Delta G^\circ_3$$

$$-4\ F\ \varepsilon°_{Am^{4+}/Am} = -F(2,60) - F(-2,30) - 2F(-1,90)$$

$$4\ \varepsilon°_{Am^{4+}/Am} = 2,60 - 2,30 - 2 \cdot 1,90 \quad \longrightarrow \quad \varepsilon°_{Am^{4+}/Am} = -0,875\ V$$

Si se comparan los valores de los potenciales estándar $\varepsilon°_{Cl_2/Cl^-}$ (1,36 V) y $\varepsilon°_{Am^{4+}/Am}$ (−0,875 V) se deduce que el cátodo (reducción) estará formado por el par redox Cl_2/Cl^- porque presenta un potencial mayor.

A continuación, se plantean las semirreacciones que tienen lugar en cada uno de los electrodos:

Cátodo (red): $\qquad\qquad$ 2 [Cl_2 (g) + 2e$^-$ ⇆ 2Cl$^-$(aq)]

Ánodo (ox): $\qquad\qquad$ Am (s) ⇆ Am^{4+} (aq) + 4e$^-$

$$\overline{\qquad\qquad Am\ (s) + 2Cl_2\ (g) \leftrightarrows Am^{4+}\ (aq) + 4Cl^-\ (aq) \qquad\qquad}$$

Se calcula el potencial de celda estándar como:

$$\varepsilon° = \varepsilon°_{cát} - \varepsilon°_{án} = 1,36 - (-0,875) = 2,235\ V$$

Aplicamos la ecuación de Nernst para contemplar el efecto de las concentraciones/presión de las diferentes especies:

$$\varepsilon = \varepsilon° - \frac{0,0591}{n} \log(Q) = \varepsilon° - \frac{0,0591}{4} \log \frac{[Am^{4+}]\,[Cl^-]^4}{(P_{Cl_2})^2}$$

$$\varepsilon = 2,235 - \frac{0,0591}{4} \cdot \log \left[\frac{0,001 \cdot (0,002)^4}{1^2} \right] \quad \longrightarrow \quad \varepsilon = 2,439\ V$$

5.10. Para la pila Ni (s) | Ni^{2+} (4·10^{-4} M) ‖ Cu$^+$ (0,1 M) | Cu (s) se ha medido un voltaje de 0,812 V a una temperatura de 298 K. Si se sabe que $\varepsilon°_{Ni^{2+}/Ni} = -0,25$ V y $\varepsilon°_{Cu^{2+}/Cu^+} = 0,15$ V, calcula:

a) El potencial de reducción $\varepsilon°_{Cu^+/Cu}$.

b) El potencial de reducción $\varepsilon°_{Cu^{2+}/Cu}$.

a) Se plantean las semirreacciones que tienen lugar en cada uno de los electrodos:

Cátodo (red): $\qquad$ $2\,[Cu^+\,(aq) + e^- \leftrightarrows Cu\,(s)]$

Ánodo (ox): $\qquad$ $Ni\,(s) \leftrightarrows Ni^{2+}(aq) + 2e^-$

$$2Cu^+\,(aq) + Ni\,(s) \leftrightarrows 2Cu\,(s) + Ni^{2+}(aq)$$

Se calcula el potencial de celda estándar como:

$$\varepsilon° = \varepsilon°_{cát} - \varepsilon°_{án} = \varepsilon°_{Cu^+/Cu} - \varepsilon°_{Ni^{2+}/Ni}$$

Calculamos $\varepsilon°$ aplicando la ecuación de Nernst para contemplar el efecto de las concentraciones de los diferentes iones:

$$\varepsilon = \varepsilon° - \frac{0,0591}{n} \log(Q) \longrightarrow 0,812 = \varepsilon° - \frac{0,0591}{2} \log \frac{[Ni^{2+}]}{[Cu^+]^2}$$

$$\varepsilon° = 0,812 + \frac{0,0591}{2} \log \frac{4 \cdot 10^{-4}}{(0,1)^2} \longrightarrow \varepsilon° = 0,77\ V$$

Se sustituye el valor en la expresión del potencial de celda estándar:

$$0,77 = \varepsilon°_{Cu^+/Cu} - (-0,25) \longrightarrow \varepsilon°_{Cu^+/Cu} = 0,52\ V$$

b) Se combinan las siguientes semirreacciones con el fin de obtener la reacción de interés (asociada al par redox Cu^{2+}/Cu):

$Cu^+(aq) + e^- \leftrightarrows Cu\,(s)$ $\qquad$ $\Delta G°_1 = -n\,F\,\varepsilon°_{Cu^+/Cu}$

$Cu^{2+}\,(aq) + e^- \leftrightarrows Cu^+(aq)$ $\qquad$ $\Delta G°_2 = -n\,F\,\varepsilon°_{Cu^{2+}/Cu^+}$

$Cu^{2+}\,(aq) + 2e^- \leftrightarrows Cu\,(s)$ $\qquad$ $\Delta G°_3 = -n\,F\,\varepsilon°_{Cu^{2+}/Cu}$

La energía de Gibbs de la reacción de interés la podemos calcular como:

$$\Delta G°_3 = \Delta G°_1 + \Delta G°_2$$

$$-2F\,\varepsilon°_{Cu^{2+}/Cu} = -F\,\varepsilon°_{Cu^+/Cu} - F\,\varepsilon°_{Cu^{2+}/Cu^+}$$

$$2\varepsilon°_{Cu^{2+}/Cu} = \varepsilon°_{Cu^+/Cu} + \varepsilon°_{Cu^{2+}/Cu^+}$$

Por tanto, el potencial de reducción $\varepsilon°_{Cu^{2+}/Cu}$ es:

$$\varepsilon°_{Cu^{2+}/Cu} = \frac{\varepsilon°_{Cu^+/Cu} + \varepsilon°_{Cu^{2+}/Cu^+}}{2} = \frac{0,52 + 0,15}{2} = 0,34 \text{ V}$$

5.11. A 25 °C se agita una disolución 0,1 M de Cu^{2+} con Zn metálico.

a) Escribe la reacción redox que tiene lugar, indica el ánodo y el cátodo, y calcula el potencial de celda estándar ($\varepsilon°$).

b) Calcula la constante de equilibrio del proceso redox.

c) Obtén la concentración de Cu^{2+} y Zn^{2+} una vez se alcanza el equilibrio.

Datos: $\varepsilon°_{Cu^{2+}/Cu} = 0,34$ V; $\varepsilon°_{Zn^{2+}/Zn} = -0,76$ V

$R = 8,314$ J mol^{-1} K^{-1}; $F = 96.485$ C/mol e^-

a) Las semirreacciones que tienen lugar en cada uno de los electrodos son:

Cátodo (red): $Cu^{2+}(aq) + 2e^- \leftrightarrows Cu \text{ (s)}$

Ánodo (ox): $Zn \text{ (s)} \leftrightarrows Zn^{2+}(aq) + 2e^-$

$$Zn \text{ (s)} + Cu^{2+} \text{ (aq)} \leftrightarrows Zn^{2+} \text{ (aq)} + Cu \text{ (s)}$$

Se calcula el potencial de celda estándar:

$\varepsilon° = \varepsilon°_{cát} - \varepsilon°_{án} = 0,34 - (-0,76) \longrightarrow \varepsilon° = 1,10$ V

b) Se procede con el cálculo la constante de equilibrio haciendo uso de la siguiente relación:

$\Delta G° = -n F \varepsilon° = -R T \ln(K_{eq})$

Reorganizamos la expresión y sustituimos los valores:

$$\ln\left(K_{eq}\right) = \frac{n F \varepsilon°}{R T} = \frac{2 \cdot 96.485 \cdot 1,1}{8,314 \cdot 298} = 85,675$$

De modo que, $K_{eq} = e^{85,675} = 1,62 \cdot 10^{37}$

c) El equilibrio correspondiente a la reacción global es:

119

$$Zn\ (s) + Cu^{2+}\ (aq) \leftrightarrows Zn^{2+}\ (aq) + Cu\ (s)$$

[i]	–	0,1	–	–
[eq]	–	$0,1 - x$	x	–

La expresión de la constante de equilibrio viene determinada por:

$$K_{eq} = \frac{[Zn^{2+}]}{[Cu^{2+}]} = \frac{x}{0,1 - x} = 1,62 \cdot 10^{37}$$

Desarrollando la expresión se obtiene la siguiente ecuación:

$$(1,62 \cdot 10^{37})x \approx 1,62 \cdot 10^{36} \longrightarrow x = 0,1$$

Por tanto, en el equilibrio los valores de las especies son:

$$[Zn^{2+}] = 0,1\ M \qquad\qquad [Cu^{2+}] = 0\ M$$

5.12. A 25 °C, calcula para una celda voltaica basada en la siguiente reacción:

$$Sn\ (s) + Pb^{2+}\ (2\ M) \leftrightarrows Sn^{2+}\ (0,005\ M) + Pb\ (s)$$

a) El potencial de celda estándar ($\varepsilon°$) para dicha reacción.

b) El potencial de la celda (ε) con las concentraciones indicadas.

c) La constante de equilibrio del proceso redox.

d) Las concentraciones de Pb^{2+} y Sn^{2+} en el equilibrio.

Datos: $\varepsilon°_{Sn^{2+}/Sn} = -0,138\ V$; $\varepsilon°_{Pb^{2+}/Pb} = -0,128\ V$;

$R = 8,314\ J\ mol^{-1}\ K^{-1}$; $F = 96.485\ C/mol\ e^-$

---

a) Las semirreacciones que tienen lugar en cada uno de los electrodos son:

Cátodo (red): $\qquad\qquad Pb^{2+}(aq) + 2e^- \leftrightarrows Pb\ (s)$

Ánodo (ox): $\qquad\qquad Sn\ (s) \leftrightarrows Sn^{2+}(aq) + 2e^-$

$$\overline{}$$

$$Sn\ (s) + Pb^{2+}\ (aq) \leftrightarrows Sn^{2+}\ (aq) + Pb\ (s)$$

$$\varepsilon° = \varepsilon°_{cát} - \varepsilon°_{án} = -0,128 - (-0,138) \longrightarrow \varepsilon° = 0,01 \text{ V}$$

b) Aplicamos la ecuación de Nernst para contemplar el efecto de las concentraciones de los diferentes iones:

$$\varepsilon = \varepsilon° - \frac{0,0591}{n} \log(Q) = \varepsilon° - \frac{0,0591}{2} \log \frac{[Sn^{2+}]}{[Pb^{2+}]}$$

$$\varepsilon = 0,01 - \frac{0,0591}{2} \cdot \log \left(\frac{0,005}{2}\right) \longrightarrow \varepsilon = 0,087 \text{ V}$$

c) Calculamos la constante de equilibrio haciendo uso de la siguiente relación:

$$\Delta G° = -n F \varepsilon° = -R T \ln(K_{eq})$$

$$\ln(K_{eq}) = \frac{n F \varepsilon°}{R T} = \frac{2 \cdot 96.485 \cdot 0,01}{8,314 \cdot 298} = 0,779$$

De modo que, $K_{eq} = e^{0,779} = 2,18$

d) El equilibrio correspondiente a la reacción global es:

$$Sn \text{ (s)} + Pb^{2+} \text{ (aq)} \leftrightarrows Sn^{2+} \text{ (aq)} + Pb \text{ (s)}$$

[i]	–	2	0,005	–
[eq]	–	$2 - x$	$0,005 + x$	–

La expresión de la constante de equilibrio viene determinada por:

$$K_{eq} = \frac{[Sn^{2+}]}{[Pb^{2+}]} = \frac{0,005 + x}{2 - x} = 2,18$$

Desarrollando la expresión se obtiene la siguiente ecuación:

$$3,18x = 4,355 \longrightarrow x = 1,37$$

En el equilibrio, los valores de las especies son:

$$[Sn^{2+}] = 1,375 \text{ M} \qquad [Pb^{2+}] = 0,63 \text{ M}$$

5.13. Al introducir un electrodo de hidrógeno y uno de calomelanos ($\varepsilon^{\circ}_{Hg_2Cl_2(s)/Hg,Cl^-}$ = 0,2802 V) en una determinada disolución de ácido a 25 °C, se obtiene una lectura de 0,664 V. Calcula el pH de la disolución. Considera que $P(H_2)$ = 1 atm y $[Cl^-]$ = 1 M.

Las semirreacciones que tienen lugar en cada uno de los electrodos son:

Cátodo (red): $\quad\quad\quad Hg_2Cl_2\ (s) + 2e^- \leftrightarrows 2Hg\ (s) + 2Cl^-\ (aq)$

Ánodo (ox): $\quad\quad\quad\quad\quad H_2\ (g) \leftrightarrows 2H^+\ (aq) + 2e^-$

$$Hg_2Cl_2\ (s) + H_2\ (g) \leftrightarrows 2Hg\ (s) + 2Cl^-\ (aq) + 2H^+\ (aq)$$

Se calcula el potencial de celda estándar:

$$\varepsilon^{\circ} = \varepsilon^{\circ}_{cát} - \varepsilon^{\circ}_{án} = -0,2802 - 0 \quad\longrightarrow\quad \varepsilon^{\circ} = 0,2802\ V$$

Aplicamos la ecuación de Nernst para contemplar el efecto de las concentraciones de los diferentes iones:

$$\varepsilon = \varepsilon^{\circ} - \frac{0,0591}{n} \log(Q) = \varepsilon^{\circ} - \frac{0,0591}{2} \log \frac{[H^+]^2\,[Cl^-]^2}{P_{H_2}}$$

Se sustituyen los valores de $[Cl^-]$ y P_{H_2},

$$\varepsilon = \varepsilon^{\circ} - \frac{0,0591}{2} \log \frac{[H^+]^2 \cdot 1}{1} = \varepsilon^{\circ} - \frac{0,0591}{2} \log\,[H^+]^2$$

$$\varepsilon = \varepsilon^{\circ} - \frac{0,0591}{2} \cdot 2 \cdot \log\,[H^+] = \varepsilon^{\circ} - 0,0591 \cdot \log\,[H^+]$$

Puesto que pH = $-\log\,[H^+]$,

$$\varepsilon = \varepsilon^{\circ} + 0,0591 \cdot pH$$

$$pH = \frac{\varepsilon - \varepsilon^{\circ}}{0,0591} = \frac{0,664 - 0,2802}{0,0591} \quad\longrightarrow\quad pH = 6,5$$

5.14. Una celda galvánica se basa en las siguientes semirreacciones:

$$Fe^{2+} \text{ (aq)} + 2e^- \leftrightarrows Fe \text{ (s)}, \qquad \varepsilon^\circ = -0{,}44 \text{ V}$$

$$2H^+ \text{ (aq)} + 2e^- \leftrightarrows H_2 \text{ (g)}, \qquad \varepsilon^\circ = 0{,}00 \text{ V}$$

En esta celda, el compartimento de hierro contiene un electrodo de hierro y $[Fe^{2+}]$ = 10^{-3} M. El compartimento de hidrógeno contiene un electrodo de platino, $P(H_2)$ = 1 atm, y un ácido débil HA con una concentración inicial de 1 M. Si el potencial de celda observado es de 0,333 V a 25 °C, calcula el pH de la disolución y el valor de K_a del ácido débil.

Las semirreacciones que tienen lugar en cada uno de los electrodos son:

Cátodo (red): $\qquad\qquad 2H^+ \text{ (aq)} + 2e^- \leftrightarrows H_2 \text{ (g)}$

Ánodo (ox): $\qquad\qquad Fe \text{ (s)} \leftrightarrows Fe^{2+} \text{ (aq)} + 2e^-$

$$\overline{\qquad\qquad 2H^+ \text{ (aq)} + Fe \text{ (s)} \leftrightarrows H_2 \text{ (g)} + Fe^{2+} \text{ (aq)} \qquad\qquad}$$

Se calcula el potencial de celda estándar:

$$\varepsilon^\circ = \varepsilon^\circ_{\text{cát}} - \varepsilon^\circ_{\text{án}} = 0 - (-0{,}44) \longrightarrow \varepsilon^\circ = 0{,}44 \text{ V}$$

Se utiliza la ecuación de Nernst para considerar el efecto de las concentraciones de los diferentes iones y calcular la concentración de protones:

$$\varepsilon = \varepsilon^\circ - \frac{0{,}0591}{n} \log(Q) = \varepsilon^\circ - \frac{0{,}0591}{2} \log \frac{[Fe^{2+}]\, P_{H_2}}{[H^+]^2}$$

$$0{,}333 = 0{,}44 - \frac{0{,}0591}{2} \log \frac{10^{-3} \cdot 1}{[H^+]^2}$$

$$-0{,}107 = -\frac{0{,}0591}{2} \log \frac{10^{-3}}{[H^+]^2} \longrightarrow \log \frac{10^{-3}}{[H^+]^2} = 3{,}621$$

$$\frac{10^{-3}}{[H^+]^2} = 10^{3,621} \longrightarrow [H^+] = \sqrt{\frac{10^{-3}}{10^{3,621}}} = 4{,}89 \cdot 10^{-4} \text{ M}$$

Con el valor obtenido, se puede calcular el pH:

$$pH = -\log [H^+] = -\log (4{,}89 \cdot 10^{-4}) \longrightarrow pH = 3{,}3$$

A continuación, se plantea el equilibrio de disociación del ácido débil (HA) para poder obtener el valor de K_a:

$$HA \ (aq) + H_2O \ (l) \leftrightarrows H_3O^+ \ (aq) + A^- \ (aq)$$

[i]	1	–	–	–
[eq]	$1 - x$	–	x	x

La expresión de la constante de equilibrio viene determinada por:

$$K_a = \frac{[H_3O^+] \, [A^-]}{[HA]} = \frac{x^2}{1 - x} = \frac{(4{,}89 \cdot 10^{-4})^2}{1 - 4{,}89 \cdot 10^{-4}}$$

$$K_a = 2{,}39 \cdot 10^{-7}$$

5.15. Se construye a 25 °C una celda voltaica basada en la siguiente reacción:

$$Cr \ (s) + 3H^+ \ (aq) \leftrightarrows Cr^{3+} \ (aq) + \frac{3}{2}H_2 \ (g)$$

a) Escribe las semirreacciones de oxidación/reducción que dan lugar a la reacción global.

b) Sabiendo que para la reacción $\Delta G° = -214{,}23$ kJ/mol, calcula el valor de $\varepsilon°_{Cr^{3+}/Cr}$.

c) Considerando que $[Cr^{3+}] = 0{,}2$ M y que $P(H_2) = 1$ bar, obtén una expresión para el potencial de celda (ε) en función del pH del medio. Ajusta la expresión a la siguiente ecuación, y determina el valor de las constantes a y b:

$$\varepsilon = a + b \cdot pH$$

d) Teniendo en cuenta las anteriores consideraciones, si la semicelda del electrodo de hidrógeno contiene una disolución de HCl, ¿qué molaridad ha de tener esta disolución de HCl para que la lectura del voltaje de la pila sea de 700 mV?

Dato: $F = 96.485$ C/mol e⁻

---

a) Las semirreacciones que tienen lugar en cada uno de los electrodos son:

Cátodo (red): $\qquad \frac{3}{2}\,[2H^+\,(aq) + 2e^- \leftrightarrows H_2\,(g)] \qquad \varepsilon°_{cát} = 0\,V$

Ánodo (ox): $\qquad\qquad Cr\,(s) \leftrightarrows Cr^{3+}\,(aq) + 3e^- \qquad\qquad \varepsilon°_{án} = ?$

$$Cr\,(s) + 3H^+\,(aq) \leftrightarrows Cr^{3+}\,(aq) + \frac{3}{2}H_2\,(g)$$

b) Se calcula el valor de $\varepsilon°_{Cr^{3+}/Cr}$ haciendo uso de la siguiente expresión para la energía de Gibbs de la reacción global: $\Delta G° = -n\,F\,\varepsilon°$

$$-214.230 = -3 \cdot 96.485 \cdot \varepsilon° \quad\longrightarrow\quad \varepsilon° = 0{,}74\,V$$

Como $\varepsilon° = \varepsilon°_{cát} - \varepsilon°_{án}$,

$$0{,}74 = 0 - \varepsilon°_{Cr^{3+}/Cr} \quad\longrightarrow\quad \varepsilon°_{Cr^{3+}/Cr} = -0{,}74\,V$$

c) Se utiliza la ecuación de Nernst para considerar el efecto de las concentraciones de las diferentes especies:

$$\varepsilon = \varepsilon° - \frac{0{,}0591}{n}\,\log(Q) = \varepsilon° - \frac{0{,}0591}{3}\,\log \frac{[Cr^{3+}]\,\left(P_{H_2}\right)^{3/2}}{[H^+]^3}$$

Reorganizamos teniendo en cuenta que $[Cr^{3+}] = 0{,}2\,M$ y $P_{H_2} = 1$ bar.

$$\varepsilon = \varepsilon° - \frac{0{,}0591}{3}\,\log \frac{0{,}2 \cdot 1^{3/2}}{[H^+]^3} = \varepsilon° - \frac{0{,}0591}{3}\,\log\left(\frac{0{,}2}{[H^+]^3}\right)$$

$$\varepsilon = \varepsilon° - \frac{0{,}0591}{3} \cdot (\log(0{,}2) - \log[H^+]^3)$$

$$\varepsilon = 0{,}74 - \frac{0{,}0591}{3} \cdot \log(0{,}2) + \frac{0{,}0591}{3} \cdot \log[H^+]^3$$

$$\varepsilon = 0{,}74 - (-0{,}014) + \frac{0{,}0591}{3} \cdot 3 \cdot \log[H^+]$$

$$\varepsilon = 0{,}754 - 0{,}0591 \cdot (-\log[H^+])$$

$$\varepsilon = 0{,}754 - 0{,}0591 \cdot pH$$

Es decir, $a = 0{,}754\,V$ y $b = -0{,}0591\,V$. (Importante: ambas constantes tienen unidades de voltios.)

d) Con la expresión obtenida en el apartado anterior, calculamos el pH necesario.

$$0,700 = 0,754 - 0,0591 \cdot pH \longrightarrow pH = 0,91$$

Como $pH = -\log [H^+]$, $[H^+] = 10^{-0,91}$ M $= 0,12$ M.

A continuación, hemos de encontrar qué relación existe entre la concentración de la disolución de HCl y la de protones. El HCl es un ácido fuerte y en disolución acuosa se encuentra totalmente desprotonado:

$$HCl \ (aq) + H_2O \ (l) \rightarrow H_3O^+ \ (aq) + Cl^- \ (aq)$$

[i]	c	–	–	–
[f]	–	–	c	c

Se observa que $[HCl] = c = [H_3O^+]$. Por tanto, para que la lectura del voltaje de la pila sea de 700 mV, $[HCl] = 0,12$ M.

5.16. Un reloj digital consume 0,242 mA de su batería de mercurio, en la que tiene lugar la reacción:

$$HgO \ (s) + Zn \ (s) \rightarrow ZnO \ (s) + Hg \ (l)$$

Calcula el tiempo de vida de la batería si esta contiene 4,0 g de HgO.

Datos: M (HgO) = 216,6 g/mol; F = 96.485 C/mol e$^-$

(Adaptado de la Olimpiada Química Nacional de Oviedo 2014)

Las semirreacciones que tienen lugar son:

Cátodo (red): $Hg^{2+} \ (s) + 2e^- \leftrightarrows Hg \ (l)$

Ánodo (ox): $Zn \ (s) \leftrightarrows Zn^{2+} \ (s) + 2e^-$

$$\overline{Hg^{2+} \ (s) + Zn \ (s) \leftrightarrows Zn^{2+} \ (s) + Hg \ (l)}$$

Calculamos la cantidad de corriente que suministra la pila de HgO:

$$4,0 \ g \ HgO \cdot \frac{1 \ mol \ HgO}{216,6 \ g \ HgO} \cdot \frac{2 \ mol \ e^-}{1 \ mol \ HgO} \cdot \frac{96.485 \ C}{1 \ mol \ e^-} = 3,56 \cdot 10^3 \ C$$

Con la expresión $Q = I \cdot t$, podemos calcular el tiempo que funciona la pila (t) a partir de la cantidad de carga (Q) y de la intensidad que se hace pasar (I):

$$t = \frac{3,56 \cdot 10^3 \text{ C}}{0,242 \text{ mA}} \cdot \frac{10^3 \text{ mA}}{1 \text{ A}} \cdot \frac{1 \text{ día}}{86.400 \text{ s}} = 170 \text{ días}$$

Nota: $1C = 1A \cdot s$, de modo que $C/A = s$.

5.17. Un fabricante de joyas quiere platear un colgante esférico de 1 cm de diámetro hasta un espesor de 0,2 mm, con una disolución acuosa de $Ag(CN)_2^-$. Si para ello hace pasar una corriente de 750 mA, ¿cuánto tiempo tardará?

Datos: M (Ag) = 107,9 g/mol; ρ (Ag) = 10,5 g/cm³; F = 96.485 C/mol e⁻

La semirreacción de reducción que tiene lugar en el cátodo es:

Cátodo (red): $Ag(CN)_2^-$ (aq) + e⁻ $\leftrightarrows$ Ag (s) + 2CN⁻ (aq)

Calculamos la cantidad de plata necesaria que hay que depositar en la joya para conseguir el espesor deseado. Para ello, se calcula el volumen de la corona esférica, tal y como se muestra en la siguiente figura, siendo R el radio del colgante plateado y r, el del colgante inicial. De modo que $r = 0,5$ cm y $R = 0,52$ cm (0,5 cm + 0,2 mm).

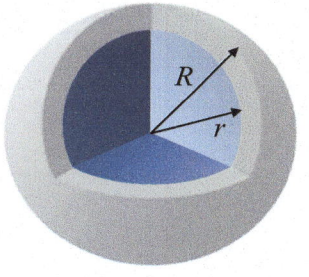

El volumen de la corona esférica (es decir, del recubrimiento de plata) viene determinado por:

$$V = \frac{4}{3}\pi (R^3 - r^3) = \frac{4}{3}\pi [(0,52)^3 - (0,5)^3] = 0,065 \text{ cm}^3 \text{ Ag}$$

Relacionando con la densidad de la Ag, se obtienen los moles de Ag y, por ende, la cantidad de corriente necesaria:

$$0,065 \text{ cm}^3 \text{ Ag} \cdot \frac{10,5 \text{ g Ag}}{1 \text{ cm}^3 \text{ Ag}} \cdot \frac{1 \text{ mol Ag}}{107,9 \text{ g Ag}} \cdot \frac{1 \text{ mol e}^-}{1 \text{ mol Ag}} \cdot \frac{96.485 \text{ C}}{1 \text{ mol e}^-} = 610,30 \text{ C}$$

Con la expresión $Q = I \cdot t$, podemos calcular el tiempo que ha de transcurrir (t) a partir de la cantidad de carga (Q) y de la intensidad que se hace pasar (I):

$$t = \frac{610{,}30 \text{ C}}{750 \text{ mA}} \cdot \frac{10^3 \text{ mA}}{1 \text{ A}} \cdot \frac{1 \text{ min}}{60 \text{ s}} = 13{,}6 \text{ min} = 13 \text{ min y } 33 \text{ s.}$$

Nota: $1C = 1A \cdot s$, de modo que $C/A = s$.

CAPÍTULO VI
Química orgánica

CONCEPTOS TEÓRICOS

- Como hemos visto a lo largo del libro, y en especial en el capítulo I, las *propiedades físico-químicas* (puntos de fusión y ebullición, solubilidad, reactividad química) de los compuestos orgánicos se pueden explicar mediante su *composición*, *estructura* y *enlace* (teorías de repulsión de electrones de la capa de valencia y teoría de enlace o de orbitales moleculares, vistas en el capítulo I).

- Los *compuestos (o moléculas) orgánicos* son un número inmenso de sustancias naturales y sintéticas que contienen *carbono* (C) en su composición atómica y estructura molecular. La *fórmula molecular* contiene la composición atómica real del compuesto y nos da su peso molecular (suma de los pesos atómicos de todos los átomos que contiene). Compuestos con la misma fórmula molecular (mismos átomos) y distinta estructura química (colocación de los átomos) son *isómeros*.

- La *tetravalencia* del C le permite formar cuatro enlaces en las tres dimensiones del espacio, los cuales son enlaces covalentes (simples C–C, dobles C=C, o triples C≡C) y dan lugar a la formación de cadenas (rectas, ramificadas) y anillos o ciclos basados en *enlaces entre átomos de carbono* (más fuertes que los enlaces entre la mayoría del resto de elementos).

- Cuando el enlace se forma por solapamiento (acercamiento y/o superposición) de orbitales *s* y *p*, se tienen: *enlaces π* (por solapamiento lateral de orbitales *p*) y *enlaces σ* (por solapamiento frontal de orbitales *s* o *p*).

- Las propiedades físicas (por ejemplo, puntos de fusión y ebullición) de estos compuestos de carbono (orgánicos) está determinada por la *longitud de la cadena* (número de átomos de carbono) y, por tanto, por la intensidad de las interacciones de Van der Waals entre las moléculas. Las refinerías petroquímicas se basan en este hecho para separar los hidrocarburos presentes en el petróleo (C_1–C_{20+}) según su *punto de ebullición*.

- Alguno de los átomos de carbono en estas moléculas orgánicas puede enlazarse a un átomo que no sea carbono o hidrógeno (tal y como ocurre en los hidrocarburos), conocido como heteroátomo y dar lugar a átomos o grupos de átomos reactivos químicamente (*grupos funcionales*).
- Los grupos funcionales más representativos son los alcanos (C–C), alquenos (C=C), alquino (C≡C), hidroxilo (OH), oxi/éter (C–O–C), carbonilo (C=O), carboxilo (COOH), éster (COOC), amino (NH_2), amido (CONH), nitrilo (C≡N), nitro (NO_2).
- Cuando una reacción de transformación de un(os) reactivo(s) pueda dar dos productos diferentes, llamaremos *producto termodinámico* al que desprenda más energía al formarse ($\Delta G°$) y *producto cinético* al que necesite menor energía de activación (E_a) para formarse:

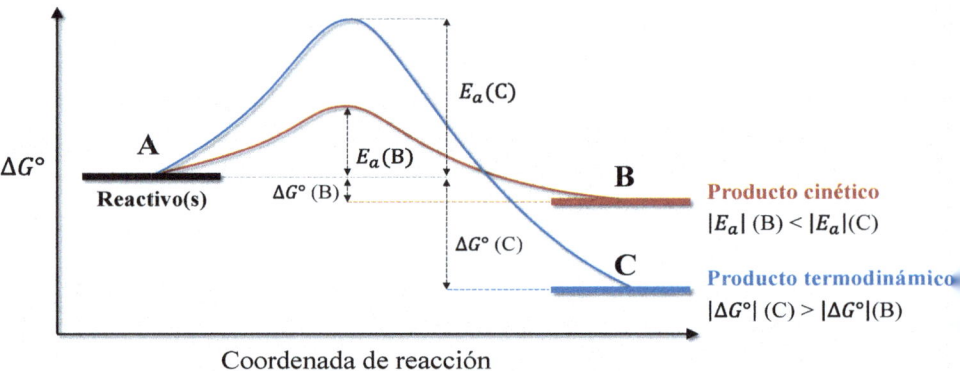

Es interesante destacar que los conceptos mencionados en este apartado (enlace sigma o pi, isomería, control cinético o termodinámico), son generales en química, aunque se aplican en este capítulo en ejemplos de moléculas orgánicas.

RESOLUCIÓN DE PROBLEMAS

6.1. ¿Qué son los isómeros? Indica su clasificación.

Los isómeros son compuestos con la misma fórmula, pero diferentes estructuras. Se clasifican en:

- *Isómeros estructurales* (de grupo funcional, de cadena o de posición).
- *Esteroisómeros* (enantiomerismo o diasteroisómeros).

6.2. ¿Qué diferencia hay entre un enlace sigma y uno pi? ¿Cuántos enlaces sigma y pi tiene la molécula de fenantreno, indicada a continuación?

- *Enlace sigma*: solapamiento de orbitales frontal.
- *Enlace pi*: solapamiento de orbitales lateral.

El fenantreno tiene 7 enlaces pi (C=C) y 26 enlaces sigma (C–C y C–H).

6.3. Indica cuántos enlaces π y σ hay en cada una de las siguientes moléculas. Escribe su fórmula molecular. Señala y nombra los grupos funcionales presentes.

a)

b)

c)

d)

---

a)

OH   alcohol

3 enlaces π
13 enlaces σ

Br   haluro

C_6H_5BrO

b)

1 enlace π
11 enlaces σ

alqueno

haluro

C_4H_7Cl

c)

0 enlaces π
15 enlaces σ

amina

$C_4H_{11}N$

d)

cetona

2 enlaces π
15 enlaces σ

éster

$C_5H_8O_3$

6.4. Indica cuántos enlaces π hay en cada una de las siguientes moléculas. Escribe su fórmula molecular. Señala y nombra los grupos funcionales presentes.

a)

CO_2H

b)

OH

NH

c)

N

O

O

d)

O

COOH

e)

O

OH

f)

HO

O

N
H

O

CHO

a)

ácido
carboxílico

CO_2H

H_3C O

éter $C_{14}H_{14}O_3$ 6 enlaces π

b)

OH   alcohol

NH   amina

$C_{10}H_{15}NO$ 3 enlaces π

132

c)

nitrilo 2π π éster

π alqueno

$C_5H_5NO_2$ 4 enlaces π

d)

éter

OH ácido carboxílico

π

$C_6H_{10}O_3$ 1 enlace π

e)

epóxido alcohol

OH

$C_3H_6O_2$ 0 enlaces π

f) $C_{13}H_{15}NO_4$ 6 enlaces π

HO alcohol π amida aldehído CHO

éter π π alqueno

6.5. Para cada una de las siguientes moléculas: señala y nombra todos los grupos funcionales presentes, escribe su fórmula molecular e indica cuántos enlaces π hay.

a)

OCH₃

O

b)

CN

c)

O—NH₂

O

d)

O

Cl

e)

O   O

O

f)

CH₂OH

g)

O

O

h) COOH

O

HN

i)

OH

j)

CHO

COOH

N
H

133

a)

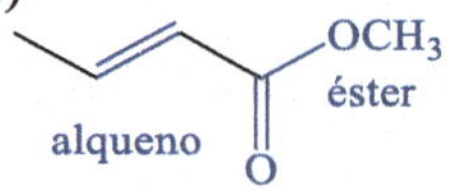

OCH$_3$
éster
alqueno
O

$C_5H_8O_2$ 2 enlaces π

b)

CN
Nitrilo
O
epóxido

C_4H_5NO 2 enlaces π

c)

éster
O
amina
NH$_2$
alqueno
O

$C_6H_{11}NO_2$ 2 enlaces π

d)

O
éter
Cl
haluro

$C_5H_{11}ClO$ 0 enlaces π

e)

O
O
O
anhídrido

$C_4H_6O_3$ 2 enlaces π

f)

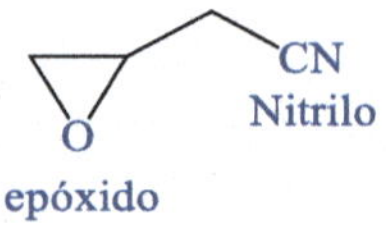

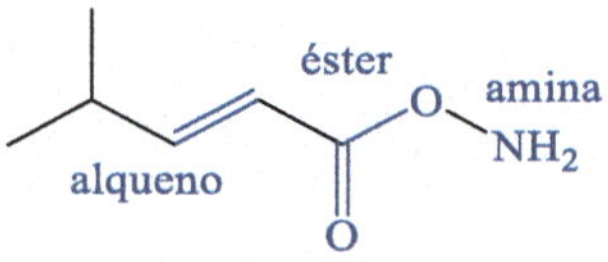

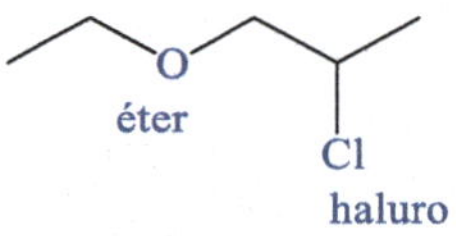

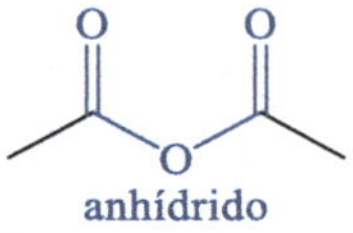

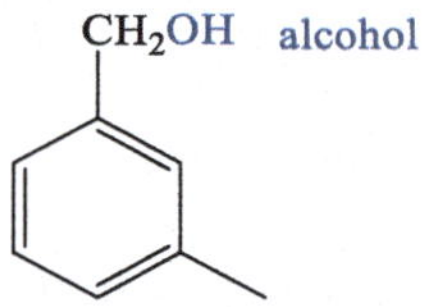

CH$_2$OH
alcohol

$C_8H_{10}O$ 3 enlaces π

g)

éster cíclico
O
O

$C_8H_6O_2$ 4 enlaces π

h)

O
OH
ácido carboxílico
O
amida
HN

$C_9H_9NO_3$ 2 enlaces π

i)

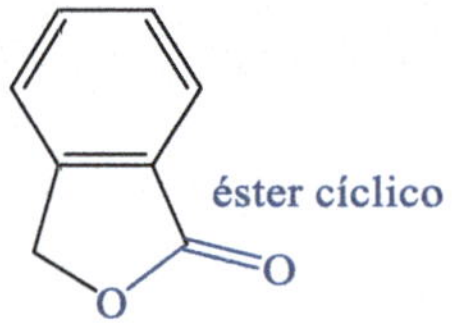

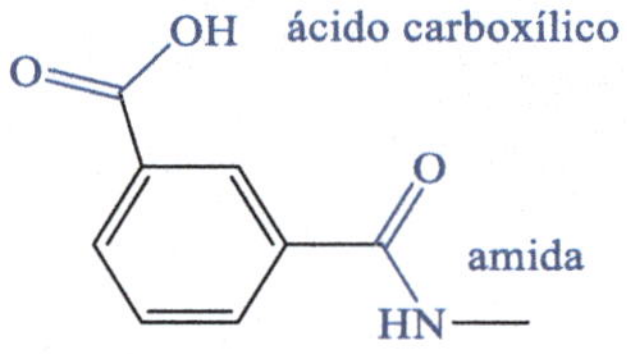

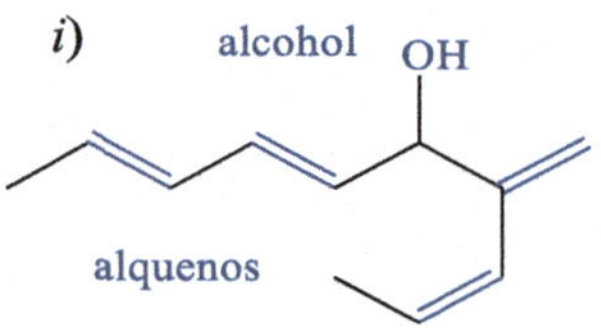

alcohol
OH
alquenos

$C_{11}H_{16}O$ 4 enlaces π

j)

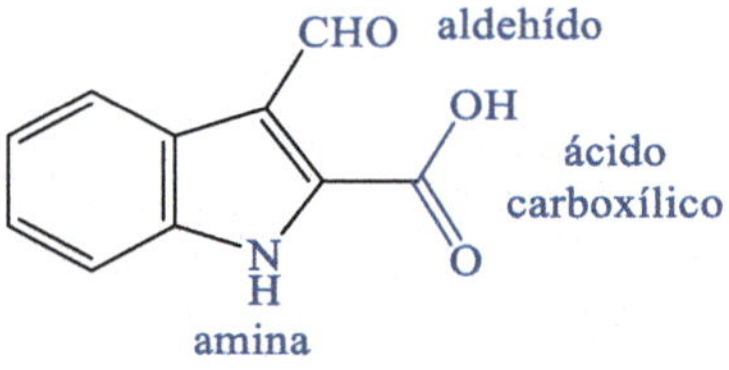

CHO
aldehído
OH
ácido
carboxílico
O
N
H
amina

$C_{10}H_7NO_3$ 6 enlaces π

6.6. Indica la relación que guardan los siguientes pares de compuestos. En el caso de que presenten isomería, señala de qué tipo.

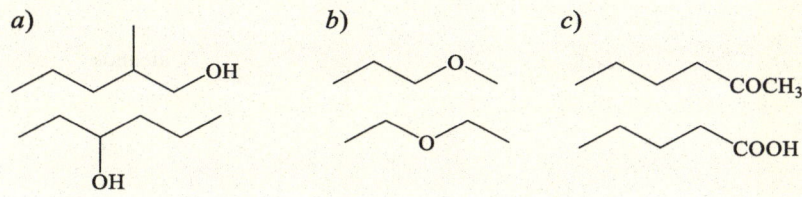

a) Isómeros de cadena. b) Isómeros de posición. c) Diferentes compuestos.

6.7. Indica la relación que guardan los siguientes pares de compuestos. En el caso de que presenten isomería, señala de qué tipo.

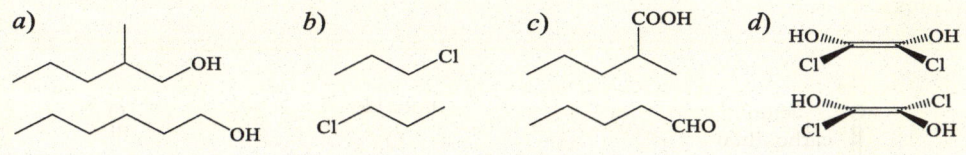

a) Isómeros de cadena. b) Mismo compuesto. c) Diferentes compuestos. d) Isómeros *cis-trans*.

6.8. Contesta las siguientes cuestiones.

a) Escribe dos alcoholes y un éter de fórmula C_3H_8O.

b) Dibuja dos isómeros de cada una de las siguientes moléculas e indica los grupos funcionales presentes: $C_5H_{12}O$ y C_8H_{18}.

c) Dibuja tres isómeros de la molécula $C_8H_{18}O$ e indica los grupos funcionales presentes.

a)

alcohol

OH

alcohol

éter

135

b)

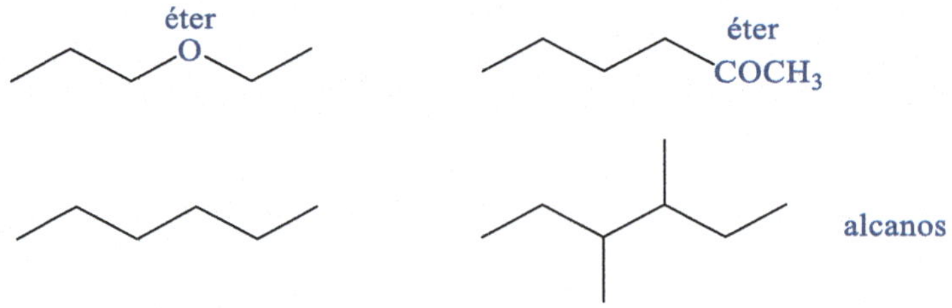

éter

éter
COCH₃

alcanos

c)

OH
alcohol

HO
alcohol

éter

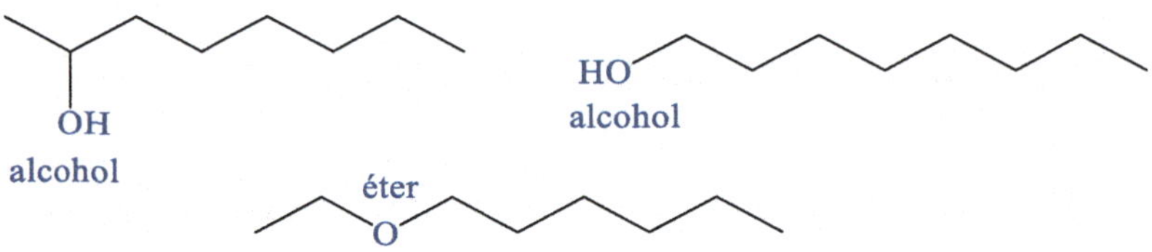

6.9. Dibuja isómeros de la molécula $C_3H_6O_3$ e indica los grupos funcionales presentes.

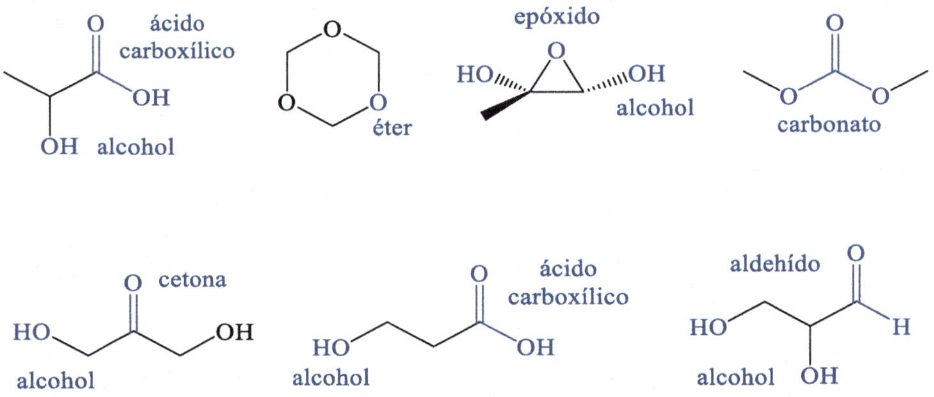

O   ácido
      carboxílico
      OH

OH   alcohol

éter

epóxido
O
HO⁗   ⁗OH
            alcohol

O

O   O
carbonato

cetona
O

HO   OH

alcohol

ácido
O   carboxílico
HO   OH

alcohol   OH

aldehído   O

HO   H

alcohol   OH

136

6.10. Si el compuesto A puede dar dos productos distintos X e Y, indica en cada uno de los casos siguientes qué producto está cinéticamente favorecido y cuál es el termodinámicamente favorecido.

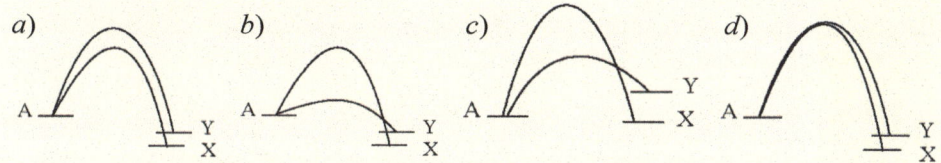

a) X está termodinámicamente y cinéticamente favorecido, ya que su energía relativa a A es más baja que la energía de Y con respecto a A (termodinámicamente X es más estable que Y). Además, la energía de activación que hay que vencer para obtener X a partir de A es menor que la de Y (cinéticamente X está más favorecido).

b) X está termodinámicamente más favorecido que Y, ya que su energía relativa a A es más baja que la energía de Y con respecto a A (termodinámicamente X es más estable que Y). Sin embargo, la energía de activación que hay que vencer para obtener X a partir de A es mayor que la de Y por lo que este último está cinéticamente más favorecido.

c) X está termodinámicamente más favorecido que Y, ya que su energía relativa a A es más baja que la energía de Y con respecto a A (termodinámicamente X es más estable que Y). Para obtener Y habría que aportar energía ya que A→Y es un proceso endotérmico. Sin embargo, la energía de activación que hay que vencer para obtener X a partir de A es mayor que la de Y por lo que este último está cinéticamente más favorecido. Para aumentar la velocidad de obtención de X, habría que usar un catalizador que permita disminuir la energía de activación del proceso A→X.

d) En este caso, ambos productos X e Y están igualmente favorecidos cinéticamente, ya que tienen la misma energía de activación para obtenerlos a partir de A. Sin embargo, el proceso A→X es un proceso más exotérmico, libera más energía que en el caso de la formación de Y, por lo que termodinámicamente se formaría.

ANEXO I

Variables y constantes

A continuación, se presentan los símbolos, nombres y unidades (en el sistema internacional, SI, y entre paréntesis las más frecuentes) de las variables y constantes utilizadas a lo largo del libro:

Capítulo I. Enlace químico

Símbolo	Nombre	Unidades
e^-	Electrón	–
Z	Número atómico	–
q	Carga formal	–
U_r	Energía reticular	J/mol, (kJ/mol)
ΔH°_f	Entalpía de formación estándar	J/mol, (kJ/mol)
ΔH°_{sub}	Entalpía de sublimación estándar	J/mol, (kJ/mol)
ΔH°_{dis}	Entalpía de disociación estándar	J/mol, (kJ/mol)
EI	Energía de ionización	J/mol, (kJ/mol)
EA	Electroafinidad (o afinidad electrónica)	J/mol, (kJ/mol)
N_A	Constante de Avogadro. Valor: $6{,}022 \cdot 10^{23}$	mol^{-1}

Símbolo	Nombre	Unidades
ε_0	Permitividad del vacío. Valor: $8{,}854 \cdot 10^{-12}$	$C^2\,J^{-1}\,m^{-1}$
z_1	Número de carga del catión	–
z_2	Número de carga del anión	–
e	Carga elemental. Valor: $1{,}602 \cdot 10^{-19}$	C
r	Radio iónico	m, (Å o pm)
d	Distancia interiónica	m, (Å o pm)
A	Constante de Madelung	–
n	Exponente de Born	–
a	Arista de una celda unidad cúbica	m, (Å o pm)
d_{cara}	Diagonal de la cara de una celda unidad cúbica	m, (Å o pm)
m_{celda}	Masa de la celda unidad	kg, (g)
V_{celda}	Volumen de la celda unidad	m^3, (cm^3)
ρ	Densidad de la celda unidad	kg/m^3, (g/cm^3)

Capítulo II. Ácidos y bases

Símbolo	Nombre	Unidades
pH, pOH	Escala de acidez o alcalinidad de una disolución	–
K_a	Constante de acidez de una sustancia	–
K_b	Constante de basicidad de una sustancia	–
K_w	Producto iónico del agua. Valor: 10^{-14} (a 25 °C)	–
K	Constante de equilibrio de una reacción	–
$\Delta H°$	Entalpía de reacción estándar	J/mol, (kJ/mol o kcal/mol)
R	Constante universal de los gases ideales. Valor: 8,314	$J\,mol^{-1}\,K^{-1}$
T	Temperatura	K, (°C)

Símbolo	Nombre	Unidades
c	Concentración	M
α	Grado de disociación	–, (%)
V	Volumen de disolución	L, (mL)

Capítulo III. Equilibrios de formación de complejos

Símbolo	Nombre	Unidades
K_f	Constante de formación	–
β	Constante acumulada	–
C_M	Balance de masa del metal	M
C_L	Balance de masa del ligando	M
c	Concentración	M
M	Peso molar	g/mol
V	Volumen de disolución	L, (mL)

Capítulo IV. Equilibrios de solubilidad

Símbolo	Nombre	Unidades
K_{ps}	Constante (o producto) de solubilidad	–
s	solubilidad	M, (g/L)
M	Peso molar	g/mol
Q	Producto iónico	–
m	Masa del producto	kg, (g)
K_a	Constante de acidez de una sustancia	–
pH	Escala de acidez o alcalinidad de una disolución	–

Capítulo V. Electroquímica

Símbolo	Nombre	Unidades
e^-	Electrón	–
ε	Potencial de la celda electroquímica	V
ε°	Potencial estándar de la celda electroquímica	V
$\varepsilon^\circ_{cát}$	Potencial estándar de reducción del cátodo	V
$\varepsilon^\circ_{án}$	Potencial estándar de reducción del ánodo	V
ΔG	Energía de Gibbs	J/mol (kJ/mol)
ΔG°	Energía de Gibbs estándar	J/mol (kJ/mol)
ΔG°_f	Energía de Gibbs estándar de formación	J/mol (kJ/mol)
n	Número de e^- intercambiados en la reacción	–
F	Constante de Faraday. Valor: 96.485	C/mol e⁻
R	Constante universal de los gases ideales. Valor: 8,314	J mol⁻¹ K⁻¹
T	Temperatura	K, (°C)
W	Trabajo máximo asociado a un potencial ε	J
K_{eq}	Constante de equilibrio de la reacción redox	–
Q	Cociente de reacción	–
K_{ps}	Constante (o producto) de solubilidad	–
K_a	Constante de acidez de una sustancia	–
pH	Escala de acidez o alcalinidad de una disolución	–
P	Presión parcial de un gas	Pa (atm o bar)
Q	Cantidad de carga	C
I	Intensidad de corriente	A
t	Tiempo	s
ρ	Densidad	kg/m³, (g/cm³)
M	Peso molar	g/mol

ANEXO II

Ecuaciones de interés

A continuación, se presentan las ecuaciones de mayor interés utilizadas a lo largo del libro:

Capítulo I. Enlace químico

- Ecuación de Born-Landé (cálculo de la energía reticular):

$$U_r = -\frac{N_A}{4\,\pi\,\varepsilon_0} \cdot \frac{|z_1|\,|z_2|\,e^2}{d} \cdot A \cdot \left(1 - \frac{1}{n}\right)$$

Capítulo II. Ácidos y bases

- Definiciones generales:

$$\text{pH} = -\log[\text{H}_3\text{O}^+] \qquad \text{pOH} = -\log[\text{OH}^-] \qquad K_w = [\text{H}_3\text{O}^+]\,[\text{OH}^-]$$

$$K_a \cdot K_b = K_w \qquad\qquad \text{p}K_a = -\log K_a \qquad\qquad \text{p}K_b = -\log K_b$$

$$\text{p}K_a + \text{p}K_b = \text{p}K_w$$

- Ecuación de Van't Hoff (cálculo de constantes de equilibrio a diferentes T):

$$\ln\left(\frac{K_1}{K_2}\right) = \frac{-\Delta H^\circ}{R}\left(\frac{1}{T_1} - \frac{1}{T_2}\right)$$

- Ecuación de Henderson-Hasselbach (cálculo del pH de una disolución tampón):

$$\text{pH} = \text{p}K_a + \log\frac{[\text{base}]_i}{[\text{ácido}]_i}$$

Capítulo III. Equilibrios de formación

- Cálculo de la concentración de ligando libre:

$$[\text{L}]^2 + [\text{L}]\left(C_\text{M} - C_\text{L} + \frac{1}{\beta}\right) - \frac{C_\text{L}}{\beta} = 0$$

Capítulo IV. Equilibrios de solubilidad

$$K_\text{ps} = -\log K_\text{ps}$$

Capítulo V. Electroquímica

- Definiciones generales:

$$\varepsilon^\circ = \varepsilon^\circ_\text{cát} - \varepsilon^\circ_\text{án} \qquad \Delta G = -n\,F\,\varepsilon \qquad \Delta G^\circ = -n\,F\,\varepsilon^\circ$$

$$Q = I\cdot t \qquad \Delta G = \Delta G^\circ + R\,T\ln(Q) \qquad \Delta G^\circ = -R\,T\ln(K_\text{eq})$$

- Ecuación de Nernst (cálculo del potencial de celda):

Expresión genérica   *Expresión a 25 °C*

$$\varepsilon = \varepsilon^\circ - \frac{R\,T}{n\,F}\ln(Q) \qquad \varepsilon = \varepsilon^\circ - \frac{0{,}0591}{n}\log(Q)$$

ANEXO III

Tabla periódica de los elementos

En la siguiente página se muestra la tabla periódica de los elementos (© 2022 IUPAC).

IUPAC Periodic Table of the Elements

1	2		3	4	5	6	7	8	9	10	11	12	13	14	15	16	17	18
1 **H** hydrogen 1.0080 ± 0.0002																		2 **He** helium 4.0026 ± 0.0001
3 **Li** lithium 6.94 ± 0.06	4 **Be** beryllium 9.0122 ± 0.0001				Key:	atomic number **Symbol** name abridged standard atomic weight							5 **B** boron 10.81 ± 0.02	6 **C** carbon 12.011 ± 0.002	7 **N** nitrogen 14.007 ± 0.001	8 **O** oxygen 15.999 ± 0.001	9 **F** fluorine 18.998 ± 0.001	10 **Ne** neon 20.180 ± 0.001
11 **Na** sodium 22.990 ± 0.001	12 **Mg** magnesium 24.305 ± 0.001												13 **Al** aluminium 26.982 ± 0.001	14 **Si** silicon 28.085 ± 0.001	15 **P** phosphorus 30.974 ± 0.001	16 **S** sulfur 32.06 ± 0.02	17 **Cl** chlorine 35.45 ± 0.01	18 **Ar** argon 39.95 ± 0.16
19 **K** potassium 39.098 ± 0.001	20 **Ca** calcium 40.078 ± 0.004		21 **Sc** scandium 44.956 ± 0.001	22 **Ti** titanium 47.867 ± 0.001	23 **V** vanadium 50.942 ± 0.001	24 **Cr** chromium 51.996 ± 0.001	25 **Mn** manganese 54.938 ± 0.001	26 **Fe** iron 55.845 ± 0.002	27 **Co** cobalt 58.933 ± 0.001	28 **Ni** nickel 58.693 ± 0.001	29 **Cu** copper 63.546 ± 0.003	30 **Zn** zinc 65.38 ± 0.02	31 **Ga** gallium 69.723 ± 0.001	32 **Ge** germanium 72.630 ± 0.008	33 **As** arsenic 74.922 ± 0.001	34 **Se** selenium 78.971 ± 0.008	35 **Br** bromine 79.904 ± 0.003	36 **Kr** krypton 83.798 ± 0.002
37 **Rb** rubidium 85.468 ± 0.001	38 **Sr** strontium 87.62 ± 0.01		39 **Y** yttrium 88.906 ± 0.001	40 **Zr** zirconium 91.224 ± 0.002	41 **Nb** niobium 92.906 ± 0.001	42 **Mo** molybdenum 95.95 ± 0.01	43 **Tc** technetium [97]	44 **Ru** ruthenium 101.07 ± 0.02	45 **Rh** rhodium 102.91 ± 0.01	46 **Pd** palladium 106.42 ± 0.01	47 **Ag** silver 107.87 ± 0.01	48 **Cd** cadmium 112.41 ± 0.01	49 **In** indium 114.82 ± 0.01	50 **Sn** tin 118.71 ± 0.01	51 **Sb** antimony 121.76 ± 0.01	52 **Te** tellurium 127.60 ± 0.03	53 **I** iodine 126.90 ± 0.01	54 **Xe** xenon 131.29 ± 0.01
55 **Cs** caesium 132.91 ± 0.01	56 **Ba** barium 137.33 ± 0.01	57-71 lanthanoids	72 **Hf** hafnium 178.49 ± 0.01	73 **Ta** tantalum 180.95 ± 0.01	74 **W** tungsten 183.84 ± 0.01	75 **Re** rhenium 186.21 ± 0.01	76 **Os** osmium 190.23 ± 0.03	77 **Ir** iridium 192.22 ± 0.01	78 **Pt** platinum 195.08 ± 0.02	79 **Au** gold 196.97 ± 0.01	80 **Hg** mercury 200.59 ± 0.01	81 **Tl** thallium 204.38 ± 0.01	82 **Pb** lead 207.2 ± 1.1	83 **Bi** bismuth 208.98 ± 0.01	84 **Po** polonium [209]	85 **At** astatine [210]	86 **Rn** radon [222]
87 **Fr** francium [223]	88 **Ra** radium [226]	89-103 actinoids	104 **Rf** rutherfordium [267]	105 **Db** dubnium [268]	106 **Sg** seaborgium [269]	107 **Bh** bohrium [270]	108 **Hs** hassium [269]	109 **Mt** meitnerium [277]	110 **Ds** darmstadtium [281]	111 **Rg** roentgenium [282]	112 **Cn** copernicium [285]	113 **Nh** nihonium [286]	114 **Fl** flerovium [290]	115 **Mc** moscovium [290]	116 **Lv** livermorium [293]	117 **Ts** tennessine [294]	118 **Og** oganesson [294]

57 **La** lanthanum 138.91 ± 0.01	58 **Ce** cerium 140.12 ± 0.01	59 **Pr** praseodymium 140.91 ± 0.01	60 **Nd** neodymium 144.24 ± 0.01	61 **Pm** promethium [145]	62 **Sm** samarium 150.36 ± 0.02	63 **Eu** europium 151.96 ± 0.01	64 **Gd** gadolinium 157.25 ± 0.03	65 **Tb** terbium 158.93 ± 0.01	66 **Dy** dysprosium 162.50 ± 0.01	67 **Ho** holmium 164.93 ± 0.01	68 **Er** erbium 167.26 ± 0.01	69 **Tm** thulium 168.93 ± 0.01	70 **Yb** ytterbium 173.05 ± 0.02	71 **Lu** lutetium 174.97 ± 0.01
89 **Ac** actinium [227]	90 **Th** thorium 232.04 ± 0.01	91 **Pa** protactinium 231.04 ± 0.01	92 **U** uranium 238.03 ± 0.01	93 **Np** neptunium [237]	94 **Pu** plutonium [244]	95 **Am** americium [243]	96 **Cm** curium [247]	97 **Bk** berkelium [247]	98 **Cf** californium [251]	99 **Es** einsteinium [252]	100 **Fm** fermium [257]	101 **Md** mendelevium [258]	102 **No** nobelium [259]	103 **Lr** lawrencium [262]

For notes and updates to this table, see www.iupac.org. This version is dated 4 May 2022.
Copyright © 2022 IUPAC, the International Union of Pure and Applied Chemistry.

INTERNATIONAL UNION OF
PURE AND APPLIED CHEMISTRY

BIBLIOGRAFÍA DE INTERÉS

A continuación, se presentan algunos libros que pueden ser de interés para el alumnado, tanto para revisar como profundizar conceptos sobre los distintos capítulos tratados en esta obra:

Petrucci, Ralph H. et al. 2017. *Química General: principios y aplicaciones modernas*. 11.ª edición. España. Pearson.

Moore, John M. et al. 2017. *El Mundo de la química: conceptos y aplicaciones*. 2.ª edición. México: Alhambra Mexicana.

Berenguer Navarro, Vicente y José M.ª Santiago Pérez. 2003. *Manual de química de las disoluciones*. 2.ª edición. Alicante: Club Universitario.

Sanz Asensio, Jesús. 2013. *Equilibrios Químicos*. 1.ª edición. Madrid: Visión Libros.

Skoog, Douglas et al. 2014. *Fundamentos de Química Analítica*. 9.ª edición. España: Cengage.

Luis Lafuente, S. V. et al. 1997. *Introducción a la química orgánica.* 1.ª edición. Col·lecció Manuals, 6. Castelló de la Plana: Publicacions de la Universitat Jaume I.

Primo Yúfera, E. 2020. *Química orgánica básica y aplicada: de la molécula a la industria*. 1.ª edición. Barcelona: Editorial Reverté.

También se incluye una webgrafía específica para visualizar y reforzar los conceptos que se trabajan en este libro:

Capítulo I. Enlace químico

- https://www.youtube.com/watch?v=e99iaUKsucc
  (*Geometría molecular*)
- https://www.youtube.com/watch?v=r2XmaiEC0Vw
  (*Geometría molecular*)
- https://www.chem.purdue.edu/jmol/vibs/ch4.html
  (*Ángulos de enlaces*)
- https://www.chem.purdue.edu/jmol/vibs/co2.html
  (*Polaridad de enlace*)

- https://www.chem.purdue.edu/jmol/vibs/h2o.html
  (*Polaridad de enlace*)
- https://www.youtube.com/watch?v=YAyhIo3DnPc
  (*Estructura de Lewis, resonancia*)
- https://www.uv.es/quimicajmol/concepttest/lewis12/index.html
  (*Estructura de Lewis, resonancia*)
- https://www.youtube.com/watch?v=e99iaUKsucc
  (*TRPECV*)
- https://brilliant.org/wiki/molecular-orbital-theory/
  (*Teoría de enlace de valencia*)
- https://www.youtube.com/watch?v=vHXViZTxLXo
  (*Teoría de enlace de valencia*)
- https://www.youtube.com/watch?v=g1fGXDRxS6k
  (*Teoría de enlace de valencia*)
- http://webmis.highland.cc.il.us/~jsullivan/principles-of-general-chemistry-v1.0/s16-06-bonding-in-metals-and-semicond.html
  (*Enlace metálico y conductividad*)
- https://mappingignorance.org/2016/01/14/why-do-some-materials-conduct-electricity-and-others-dont-2-the-band-theory-of-metals/
  (*Conductividad y teoría de bandas*)
- https://www.youtube.com/watch?v=F4Du4zI4GJ0
  (*Celda unidad*)
- https://www.youtube.com/watch?v=2nxvOCu5T2E
  (*Estructuras cristalinas*)
- https://dqino.ua.es/rtm/quim-inorg-estruct/structures-of-simple-ionic-crystals.html
  (*Estructuras cristalinas*)
- https://www.youtube.com/watch?v=YRtdY3QE5ic
  (*Energía reticular*)
- https://www.youtube.com/watch?v=BbTZoJ_K_l4
  (*Energía reticular*)
- https://www.youtube.com/watch?v=xdedxfhcpWo
  (*Energía reticular*)
- https://colegioquimicos.com/olimpiada-quimica/
  (*Problemas de Olimpiadas de Química*)

Capítulo II. Ácidos y bases

- https://ph.lattelog.com/titrage
  (*Equilibrios químicos y valoraciones ácido-base*)
- https://www.youtube.com/watch?v=2h01ovEzBTw
  (*Equilibrios químicos y valoraciones ácido-base*)
- https://www.youtube.com/watch?v=65r7pJpNT34
  (*Determinación del pH*)
- https://www.youtube.com/watch?v=P1wRXTl2L3I
  (*Determinación del pH*)
- https://colegioquimicos.com/olimpiada-quimica/
  (*Problemas de Olimpiadas de Química*)

Capítulo IV. Equilibrios de solubilidad

- https://colegioquimicos.com/olimpiada-quimica/
  (*Problemas de Olimpiadas de Química*)

Capítulo V. Electroquímica

- https://www.youtube.com/watch?v=NnFzHt6l4z8
  (*Reacciones redox*)
- https://www.youtube.com/watch?v=W4-LMBx9AFs
  (*Reacciones redox*)
- https://www.youtube.com/watch?v=nLuOM9aOWvk
  (*Reacciones redox*)
- https://www.youtube.com/watch?v=cbSKkrzdXe4
  (*Potencial de celda*)
- https://www.youtube.com/watch?v=d1hFUlY6rrM
  (*Potencial de celda*)
- https://www.youtube.com/watch?v=imV_ufIzxPY
  (*Pilas*)
- https://www.youtube.com/watch?v=-KAHiCb_8-s
  (*Pilas*)

- https://www.youtube.com/watch?v=oqULR_u96L4
  (*Pilas*)
- https://www.youtube.com/watch?v=oVr3P7Q3QWI
  (*Electrodo normal de hidrógeno*)
- https://www.youtube.com/watch?v=k_vR0Eqb5gY
  (*Electrodo normal de hidrógeno*)
- https://www.youtube.com/watch?v=9OVtk6G2TnQ
  (*Baterías*)
- https://www.youtube.com/watch?v=LLnzofLTveE
  (*Baterías y condensadores*)
- https://www.youtube.com/watch?v=XjX3deXDtnQ
  (*Baterías y condensadores*)
- https://www.youtube.com/watch?v=gmnabCUY-2c
  (*Pilas de combustible*)
- https://www.youtube.com/watch?v=zeNtWvsmXAY
  (*Corrosión*)
- https://www.youtube.com/watch?v=q0CAfXV-YdY
  (*Pasivado*)
- https://www.youtube.com/watch?v=HQ9Fhd7P_HA
  (*Electrólisis*)
- https://www.youtube.com/watch?v=N_HQGiC9OJE
  (*Electrólisis del NaCl*)
- https://www.youtube.com/watch?v=xF5y4r5bHGA
  (*Electrodeposición de plata*)
- https://www.youtube.com/watch?v=FnJ0V7B7nKo
  (*Electrodeposición de plata*)
- https://colegioquimicos.com/olimpiada-quimica/
  (*Problemas de Olimpiadas de Química*)